Gostomzyk

Alkohol in der Arbeitswelt

Vorbeugen – Erkennen – Helfen

1. Auflage

Bibliografische Informationen der Deutschen Nationalbibliothek

Die Deutsche Nationalbibliothek verzeichnet diese Publikation in der Deutschen Nationalbibliografie; detaillierte bibliografische Daten sind im Internet über <http://dnb.d-nb.de> abrufbar.

Bei der Herstellung des Werkes haben wir uns zukunftsbewusst für umweltverträgliche und wiederverwertbare Materialien entschieden.
Der Inhalt ist auf elementar chlorfreiem Papier gedruckt.

In diesem Werk wird aus Gründen der besseren Lesbarkeit das generische Maskulinum verwendet. Dabei sind stets alle Geschlechteridentitäten mitgemeint.

E-Mail: kundenservice@ecomed-storck.de
Telefon: 089/2183-7922
Telefax: 089/2183-7620

Gostomzyk
Alkohol in der Arbeitswelt
Vorbeugen – Erkennen – Helfen
1. Auflage

www-ecomed-medizin.de

Produktmanagement: Dr. med. Aleksandra Herold
Satz: Fotosatz H. Buck, 84036 Kumhausen
Druck: CPI Books GmbH, 25917 Leck

Inhaltsverzeichnis

Vorwort

Arbeitswelt ohne Alkohol

Die Bedingungen, Aufgaben und Methoden der Arbeitswelt verändern sich im digitalen Zeitalter in hohem Tempo, wenn auch nicht in allen Bereichen mit gleicher Geschwindigkeit, aber mit immer neuen Perspektiven. Das in unserer Gesellschaft fast allgegenwärtige Smartphone als Mensch-Computer-Schnittstelle ermöglicht den direkten Informationsaustausch zwischen Personen in der Arbeits- und der Lebenswelt, zwischen Büro, Homeoffice, Auto und der Bahn.

Die Integration der Computertechnologie in die Arbeitswelt als Mensch-Maschine-Schnittstelle und in spezieller Ausprägung als Mensch-Roboter-Kollaboration (Robotik) erfordert die stete Entwicklung der Beschäftigten im Unternehmen. Dazu gehört, neben der betrieblichen Gesundheitsförderung, die innerbetriebliche Weiterbildung und die Bereitschaft zu einem Arbeitsleben mit lebenslangem Lernen.

In der digitalen Arbeitswelt mit der Mensch-Computer-Schnittstelle muss programmiertes Computerverhalten und variables menschliches Handeln störungsfrei harmonieren. Das erfordert Verantwortungs- und Leistungsbereitschaft sowie volle Aufmerksamkeit auf der humanen Seite, denn es gilt Störfaktoren und damit Schäden zu vermeiden. Dazu gehört die Alkoholabstinenz der Beschäftigten vor und während der Arbeit.

Die bloße Delegitimierung einer vermeintlichen Normalität der Verfügbarkeit und des Konsums von Alkoholprodukten in der Arbeitswelt durch Information und Aufklärung wirkt erfahrungsgemäß kaum nachhaltig. Aber für jedes Unternehmen besteht die Möglichkeit zur Errichtung einer für alle Beschäftigten verbindlichen und sanktionsbewerten Betriebsvereinbarung zur Alkoholabstinenz vor und während der Arbeitszeit.

Augsburg, November 2023 Prof. Dr. Johannes Gostomzyk

Alkohol und Lebenswelt

Alkoholische Getränke sind in unserer Gesellschaft für Erwachsene unbegrenzt erreichbar. Sie werden zu gemeinsamen Anlässen oder aus individueller Motivation konsumiert. Alkoholika wie Wein, Bier u.a. gelten für viele Menschen als traditionsreiches Konsum- und Kulturgut. Die gesetzlichen Regelungen zum Erwerb von Alkohol erlauben den Verkauf alkoholischer Getränke (Bier, Wein, Sekt) an Jugendliche ab 16 Jahren, hochprozentige Alkoholika an Erwachsene ab 18 Jahren (Jugendschutzgesetz). Moderater Alkoholkonsum erzeugt subjektiv meist eine euphorische Stimmung und hebt das Selbstwertgefühl. Alkohol erscheint hilfreich bei der Überwindung von Unsicherheiten in unterschiedlichen Situationen zwischenmenschlicher Kommunikation, auch in der Arbeitswelt. In risikoarmen Mengen gilt Alkohol als Genussmittel, in höheren Dosen als legale Alltags- und Rauschdroge. Alkoholkonsum ist in allen Gesellschaftsschichten verbreitet, Alkoholabhängigkeit auch.

Alkohol ist kein gewöhnliches Konsumgut (Barbor). Die Aufnahme birgt psychische, soziale und gesundheitliche Risiken in sich. Alkohol kann akute und bei chronischem Konsumverhalten chronische toxische Wirkungen entfalten. Für die pharmakologisch-toxikologische Risikobewertung gilt der von Paracelsus (Arzt und Naturphilosoph 1493–1541) formulierte und auch heute anerkannte Leitsatz der Toxikologie:

„Alle Dinge sind Gift, und nichts ist ohne Gift, allein die Dosis macht, dass ein Ding kein Gift ist."

Das Straßenverkehrsrecht entspricht mit der Bewertung der Blutalkoholkonzentration (BAK-Werte) dieser Logik, ergänzt durch psychophysische Tests (Aufmerksamkeit, Reaktionsvermögen u.a.).

Die subjektiv wahrgenommene Alkoholwirkung kann bei gleicher Dosis individuell und situativ unterschiedlich sein. Das gilt auch für die Toleranzentwicklung, also die Gewöhnung an einen Wirkstoff (z.B. Alkohol), wobei dessen Wirkung durch Einnahme über einen längeren Zeitraum abnehmen kann.

Die Einnahme von Suchtmitteln kann als der Versuch angesehen werden, Gefühle des Ungenügens, der Unsicherheit und der inneren Leere zu kompensieren (Buddeberg). Erhöhte Aufmerksamkeit erfordert die Interaktion von Alkohol mit Arzneimitteln und toxischen Produkten, z.B. Lösungsmittel. In Deutschland konsumieren 87 % der Männer und 77 % der Frauen Alkohol, 14,8 % der Bevölkerung (18–64 Jahre), das sind 7,9 Mio. Menschen, trinken Alkohol in gesundheitlich riskanter Form. Bei 3,1 % besteht eine Abhängigkeit (DHS-Jahrbuch). Derartige Abhängigkeiten führen zu Veränderungen im Umgang mit psychoaktiven Substanzen wie Alkohol, in dem sich eine Einengung persönlicher Interessen und Wahrnehmungen von Freiheitsräumen zugunsten des zunehmenden Substanzkonsums entwickelt.

Aber in den zurückliegenden Jahren hat sich etwas grundlegend geändert. Alkoholabhängigkeit wird in der Rechtsprechung und im medizinischen Versorgungssystem als Krankheit gewertet (S3-Leitlinie AWMF „Screening, Diagnose und Behandlung alkoholbedingter Störungen“). Diese Bewertung gilt auch für die Rehabilitation und mindert die Diskriminierung von Alkoholikern in der Gesellschaft.

Alkohol – Risiko in der Arbeitswelt

Die Arbeitswelt umfasst die Gesamtheit der Bedingungen der Erwerbstätigkeit von Arbeitnehmern und Arbeitgebern mit ihren

Zielen, Methoden und Bewertungen. Leitmotiv für unternehmerisches Handeln ist die Erstellung von Gütern und Dienstleistungen sowie die Erzielung von Gewinn. Alkoholkonsum im Betrieb gefährdet diese Unternehmensziele und ist damit eine Herausforderung für jeden Unternehmer. Alkoholabhängige Mitarbeiter

- sind weniger leistungsfähig,
- haben höhere Ausfallzeiten und
- ein höheres Unfallrisiko.

Es geht dabei besonders auch um Gesundheitsförderung im Betrieb, also um Erhalt und Förderung wertvollen Humankapitals, das sind motivierte Mitarbeiter mit spezifischen Qualifikationen.

Eine realistische Bewertung des Umgangs mit Alkohol in der Arbeitswelt erfordert Risikokompetenz. Gemeint ist die Fähigkeit, auch mit Situationen umzugehen, in denen nicht alle Risiken bekannt sind und berechnet werden können (Gigerenzer). Arbeitnehmer und Arbeitgeber sind aufgerufen, ihre Risikokompetenz gegenüber Alkohol am Arbeitsplatz nachhaltig zu entwickeln, orientiert auch an den einschlägigen Vorgaben von Arbeitsschutz- und Unfallverhütung. Das Arbeitsschutzgesetz (ArbSchG) dient der Verhütung von arbeitsbedingten Gesundheitsgefahren. Es verpflichtet die Unternehmer die Gesundheit und Sicherheit der Mitarbeiter zu gewährleisten.

Alkohol ist ein nicht tolerierbarer Störfaktor in der Arbeitswelt. Bereits ab einer Blutalkoholkonzentration (BAK) von 0,3 ‰ wird das Sehfeld eingeschränkt, ab einer BAK von 0,5 ‰ wird die Reaktionsfähigkeit verringert. Aber der Konsum alkoholischer Getränke am Arbeitsplatz ist in Deutschland gesetzlich nicht verboten, abgesehen von den gesetzlichen Bestimmungen bezüglich Alkohol im Straßenverkehr nach dem Straßenverkehrsgesetz. Die Weltgesundheitsorganisation (WHO) und die Bundeszentrale für gesundheitliche Aufklärung (BZgA) vertreten präventiv orientiert das Prinzip der

„Punktnüchternheit". Angesichts der Verbreitung und der gesellschaftlichen Akzeptanz von Alkohol formulierten sie ein realitätsorientiertes Minimalkonzept für den Umgang mit Alkohol.

Gefordert wird die Abstinenz von Alkohol in vier Situationen:

- Vor und während der Arbeit,
- im Verkehr,
- bei Medikamenteneinnahme und
- während der Schwangerschaft.

Seit über 10 Jahren werben Präventionsfachkräfte mit der Kampagne „Alkohol? Kenn Dein Limit." Sie werben insbesondere bei jungen Menschen für einen risikobewussten maßvollen Umgang mit Alkohol. Der Spitzenverband Bund der Krankenkassen nennt sieben Gesundheitsziele im Bereich Gesundheitsförderung und Prävention, dazu gehört das Ziel „Alkoholkonsum reduzieren".

Der betriebliche Arbeitsschutz

Das Arbeitsschutzgesetz (ArbSchG) dient dem betrieblichen Arbeitsschutz. Es regelt die grundlegenden Arbeitsschutzpflichten des Arbeitgebers, die Pflichten und Rechte der Beschäftigten sowie die Überwachung des Arbeitsschutzes nach diesem Gesetz.

Es hat drei Schwerpunkte:

- Unfallverhütung,
- Schutz vor Berufskrankheiten und
- Verhütung arbeitsbedingter Gesundheitsgefahren.

Es gilt die Fürsorgepflicht des Arbeitgebers gemäß Bürgerliches Gesetzbuch (§ 241 Abs. 2 BGB): Der Schutz des Lebens und der Gesundheit des Arbeitnehmers. Der Grundsatz in § 20 Arbeitsschutzgesetz beinhaltet die Durchführung von Maßnahmen des Arbeitsschutzes zur Verbesserung der Sicherheit und des Gesundheitsschutzes der Beschäftigten bei der Arbeit. Diese sollten proaktiv, präventiv und rechtskonform mit dem Problem Alkohol am Arbeitsplatz umgehen. Erste Ansprechpartner zu Fragen des Arbeitsschutzes und der Unfallverhütung sind der Betriebsarzt, die Fachkraft für Arbeitssicherheit und der Beauftragte für den Arbeitsschutz, aber auch Betriebsräte. Für die Überwachung des Arbeitsschutzes und der Unfallverhütung sind in der Regel die Arbeitsschutzbehörden bzw. die Gewerbeaufsichtsämter der Länder zuständig.

Der § 20 Sozialgesetzbuch V (SGB V) verpflichtet gesetzliche Krankenkassen zu Leistungen der betrieblichen Gesundheitsförderung. Dazu gehören auch Informationen und Aktivitäten der Suchtprävention, angeregt im Leitfaden Prävention. Die Teilnahme an betrieblicher Gesundheitsförderung ist für Arbeitgeber und Arbeitnehmer freiwillig.

Betriebe können Suchtbeauftragte ernennen, das sind vermittelnde Personen, die vertraulich mit der jeweiligen Situation umgehen. Sie arbeiten präventiv, beraten Führungskräfte und Betroffene, klären die Belegschaft auf zum Thema Alkohol und Arbeitsschutz.

Deutsche Gesetzliche Unfallversicherung (DGUV)

Die DGUV ist der Spitzenverband der gewerblichen Berufsgenossenschaften und der Unfallversicherungsträger der öffentlichen Hand. Träger der Unfallversicherung sind die gewerblichen Berufsgenossenschaften sowie Versicherungsträger der öffentlichen Hand, z.B. Unfallkassen. Der Versicherungsfall betrifft den Arbeitsunfall, den Wegeunfall und die Berufskrankheiten. Die Finanzierung der gesetzlichen Unfallversicherung in der gewerblichen Wirtschaft erfolgt allein durch Unternehmerbeiträge. Für versicherte Arbeitnehmer ist der Versicherungsschutz beitragsfrei.

Die Unfallverhütungsvorschriften (UVV) stellen für jedes Unternehmen und jeden Versicherten der gesetzlichen Unfallversicherung verbindliche Pflichten bezüglich Arbeitssicherheit und Gesundheitsschutz am Arbeitsplatz dar. Die UVV unterstützt Arbeitgebende, Führungskräfte und Sicherheitsbeauftragte bei der Vermittlung präventiver Arbeitsschutzthemen. Dazu gehört die Information der Beschäftigten über Alkoholkonsum und mögliche Folgen, über Beratungsangebote und dem Abbau suchtfördernder Bedingungen am Arbeitsplatz.

Die **Unfallverhütungsvorschrift** „Grundsätze der Prävention" (DGUV Vorschrift 1 § 15 Abs. 2) regelt den Umgang mit Alkohol am Arbeitsplatz.

Versicherte dürfen sich durch den Konsum von Alkohol, Drogen und anderen berauschenden Mitteln nicht in einen Zustand versetzen, durch den sie sich selbst oder andere gefährden können.

Abs. 3: Abs. 2 gilt auch für die Einnahme von Medikamenten.

Die UVV enthalten kein absolutes Alkoholverbot. Es gibt keine gesetzlich geregelte Promillegrenze für Alkohol im Unternehmen, abgesehen von den Grenzwerten nach dem Straßenverkehrsgesetz. Maßgeblich für den Umgang mit diesem relativen Alkoholverbot ist das **Gefährdungspotenzial**. Das sind alle möglichen Gefahren, die sich aus dem Alkoholmissbrauch ergeben.

Alkohol im Betrieb

Zur Fürsorgepflicht des Unternehmers gehört es, präventiv gegen Alkoholkonsum im Unternehmen durch Information vorzubeugen. Wird Alkoholgenuss durch Arbeitsverträge und/oder Betriebsvereinbarung nicht ausdrücklich untersagt, so ist es dem Beschäftigten überlassen, ob und wieviel er trinken wird. Allerdings muss der Arbeitnehmer seine Treuepflicht gegenüber dem Unternehmen berücksichtigen, d.h. seine Arbeit ordnungsgemäß und korrekt ausführen. Je mehr Alkohol getrunken wird, desto größer ist die Unfallwahrscheinlichkeit. Ab einem gewissen Grad der Alkoholisierung erlischt der Versicherungsschutz. Wer volltrunken arbeitet und dabei einen Unfall hat, für den besteht kein gesetzlicher Unfallversicherungsschutz. Laut Rechtsprechung handelt es sich dann um keinen Arbeitsunfall.

Versicherungsschutz bei Alkohol

Entscheidend ist der Unterschied zwischen Leistungsabfall und Leistungsausfall. Fällt die Leistung aus, verfällt auch der Versicherungsschutz. Die gesetzliche Unfallversicherung tritt nur ein, wenn der Versicherte leistungsgemindert ist, nicht bei Volltrunkenheit. Alkohol darf nicht der maßgebliche oder alleinige Grund für den Unfall gewesen sein.

Die DGUV-Vorschriften sind für die Mitglieder der Berufsgenossenschaften verbindlich. Informationen, Regeln und Grundsätze der DGUV bieten Hinweise für ihre Durchführung.

Arbeitgebervorgehen bei Alkoholverdacht am Arbeitsplatz

Ist der betroffene Arbeitnehmer nicht mehr einsatzfähig oder eine Gefährdung für die betriebliche Sicherheit, muss dieser sofort die Arbeit abbrechen und den Arbeitsplatz verlassen. Nicht nur der unter Alkoholverdacht stehende Arbeitnehmer, sondern auch der Vorgesetzte kann in den Regress einbezogen werden, wenn er den Betroffenen nicht an der Weiterarbeit gehindert hat. Da den Vorgesetzen objektive Methoden der Alkoholbestimmung (Atemalkoholtest, Blutalkoholbestimmung) nicht zur Verfügung stehen oder eine Testdurchführung vom Betroffenen ohne Nachteile verweigert werden kann, ist er auf die Deutung seiner subjektiven Wahrnehmung angewiesen.

Reguläre und prekäre Arbeitswelt

Die Arbeitswelt heute ist digitalisiert, vernetzt, flexibel, KI-geprägt und entwickelt ständig neue Konzepte und Technologien. Es herrscht eine große Vielfalt und Flexibilität bei der Gestaltung von Arbeitsverträgen, bei der Ausstattung von Arbeitsplätzen und bei den Kommunikationsmöglichkeiten der Beteiligten. Dabei ist die Gleichstellung von Frauen und Männern auf dem Arbeitsmarkt zu beachten, jedoch in vielen Bereichen noch nicht vollzogen, es besteht weiterhin ein Verdienstabstand im privaten und im öffentlichen Sektor.

Beschäftigungsverhältnisse werden als prekär bezeichnet, wenn sie nicht geeignet sind, auf Dauer den Lebensunterhalt sicherzustellen und/oder deren soziale Sicherheit zu gewährleisten. Sie gelten als ursächlich für schlechte allgemeine und psychische

Gesundheit. Prekäre Arbeit bedeutet Leistungsausschluss, prekäre Teilhabe und soziale Ausgrenzung. Der Anteil prekärer Arbeitsbedingungen betrifft ca. 12 % der Erwerbsbevölkerung mit steigender Tendenz.

Das Spektrum möglicher Arbeitsverträge reicht von unbefristeter sozialversicherter Vollbeschäftigung und in der neuen Arbeitswelt von qualifizierten Aufträgen mit Selbstbestimmung der Work-Life-Balance bis hin zu prekären Arbeitsverhältnissen mit verschiedenartigen Beziehungen zwischen Auftragnehmer und Auftraggeber. Dazu gehören befristete Arbeitsverträge, Leiharbeit, geringfügige Beschäftigung (Mini-Job) und Plattformökonomie (Gig-Ökonomie). Dabei verbindet eine digitale Plattform Anfrager und Anbieter bestimmter Dienstleistungen oder Produkte miteinander ohne weitere soziale Verpflichtungen. Leiharbeit hat ein erhöhtes Unfall- und Verletzungsrisiko. Ursächlich sind wechselnde Einsatzorte, schlechtere organisatorische Integration und Vernachlässigung von Arbeitsschutzmaßnahmen und Sicherheitsvorkehrungen.

Die moderne Arbeitswelt erfordert eine flexible Anpassung von Arbeits-, Unfall- und Gesundheitsschutz sowie die regelmäßige und auch anlassbezogene Aktualisierung gesundheitsbezogener Prävention vor allem in Hinblick auf Alkoholmissbrauch. Ein großes Problem liegt in der Erreichbarkeit betroffener Personen. Fakultative Angebote der gesetzlichen Krankenversicherungen und der Berufsgenossenschaften erweitern das betriebliche Gesundheitsmanagement.

Prekäre Beschäftigungsverhältnisse sind gekennzeichnet durch niedrigen Lohn, mangelnde Gesundheitskompetenz und eine ungewisse Zukunft der Beschäftigten. Menschen in prekärer Arbeit ohne festen Arbeitgeber, z.B. Fahrradkuriere mit Plattformkontakt, müssen Eigeninitiative für ihre soziale Absicherung aufbringen, z.B. bei Beitragszahlungen zu Sozialversicherungen. Nicht sozialversicherungspflichtig sind Selbständige und Mini-Jobber. Arbeitssuchende erhalten Leistungen der Grundsicherung über das Job-Center.

Prekäre Arbeit bedeutet reduzierter oder fehlender Gesundheitsschutz für von Armut und sozialer Ausgrenzung bedrohter Personen. Sie ist eine soziale Herausforderung in der Arbeitswelt.

Sekundärprävention

Sekundärprävention umfasst Maßnahmen, die bei Erkrankungen in einem frühen Stadium einsetzen und darin unterstützen, die Erkrankung zu vermeiden oder den Krankheitsverlauf zu mildern.

Die Aufgabe von Führungskräften gewinnt, neben der Interventionsverantwortung gegenüber akut alkoholisierten Mitarbeitern, eine weitere Dimension im Umgang mit Personen, die einen schädlichen Alkoholkonsum entwickeln. Dieser Zustand ist anfangs häufig mit einem moderaten Blutalkoholspiegel und äußerlich weniger auffälligen bzw. infolge von Toleranzentwicklung beherrschten Alkoholisierungszeichen verbunden. Interventionen, wie Hinweise auf die Eigenverantwortung, Schuldzuweisungen oder eine schnelle Kündigung bleiben in derartigen Fällen unbefriedigende Lösungen. Hat der Arbeitgeber ein Alkoholverbot ausgesprochen, kann bei einem Verstoß abgemahnt werden. Beim wiederholten Vorfall ist dann auch eine Kündigung möglich. Aber der Betrieb verliert möglicherweise einen wertvollen Mitarbeiter. Auch für den Betroffenen löst Entlassung das Problem nicht. Wenn ein Trinkverhalten mit Krankheitswert vorliegt, dann greifen entsprechende Regelungen der Lohnfortzahlung und des Kündigungsschutzes, da Alkoholismus (Alkoholabhängigkeit) seit einem Urteil des Bundessozialgerichtes von 1968 als Krankheit im Sinne der gesetzlichen Krankenversicherung gilt. In der Regel wird für den Betroffenen durch den Verlust des Arbeitsplatzes das ganze Problem vergrößert. Die Bindung an einen Arbeitsplatz ist ein wichtiger salutogener Faktor für eine angestrebte Therapie und die berufliche Rehabilitation.

In großen Unternehmen können Vorgesetzte im Umgang mit alkoholbelasteten Mitarbeitern in der Regel auf Ressourcen zurückgreifen, die in Mittel- und Kleinbetrieben nicht oder nur in begrenzter Form zur Verfügung stehen. Soweit möglich, sollten Management, Betriebsrat, Betriebsarzt, Sozialdienst und Suchtpräventionsfachkräfte bei der Problemlösung zusammenarbeiten. In Kleinbetrieben fehlt dieses Aufgebot, aber es besteht möglicherweise eine engere persönlichere Beziehung mit einer gewachsenen Vertrauensbasis zwischen Unternehmer und Mitarbeiter als günstige Voraussetzung für die Inanspruchnahme mobilisierbarer Hilfen.

Der Alkoholkonsum eines Mitarbeiters kann Symptom seiner objektiv problematischen Arbeitssituation oder seiner subjektiven Überforderung sein. Über- und Unterforderung am Arbeits- oder Ausbildungsplatz können belastende Faktoren sein. Zu unterscheiden sind körperliche (physische) und psychische Stressoren. Beispiele dafür sind erschwerte Arbeitsbedingungen wie

- Schichtarbeit,
- ungünstige Körperhaltungen,
- Pausenregelungen
- starke physikalische Belastungen wie Lärm, Hitze, Staub, hohe Luftfeuchtigkeit

ebenso wie Überforderung durch Vergrößerung des Entscheidungsspielraumes, Erwartung von Leistungen, die auch bei hoher Motivation realistischerweise nicht erbracht werden können, Nichtanerkennung von Leistungen, Gratifikationskrisen usw. Da Alkoholmissbrauch immer multikausal entsteht, greift längst nicht jeder Arbeitnehmer wegen solcher Bedingungen zur Flasche.

Mitarbeiter mit erhöhtem Alkoholkonsum sind häufig freundliche, gesellige und hilfsbereite Menschen, oftmals – zumindest zeitweise – mit vordergründig positiver Wirkung auf das Betriebsklima. Sie animieren Personen in ihrer Umgebung zum gemeinsamen Umtrunk zum Stressabbau oder aus Spaß usw. Im Gegenzug toleriert die Umgebung (das betrifft Führungskräfte ebenso wie Mitarbeiter) bei dem Betroffenen mehr oder weniger lange Stimmungs- und Leistungsschwankungen, Unzuverlässigkeiten und Fehltage. Diese Reaktion der Umgebung ist bei objektiver Betrachtung weder der betroffenen Person noch dem Betrieb dienlich, weil der in Gang gekommene Prozess in der Regel fortschreitet. Andere sind heimliche Trinker, die meist tiefer in ihren Problemen stecken.

Wenn schädliches Trinkverhalten durch die Haltung der Umgebung stabilisiert oder sogar unterstützt wird, entspricht dies dem Phänomen des Co-Alkoholismus. Co-Alkoholiker sind Personen, die selbst nicht dem Alkohol verfallen sind, die aber wegen emotionaler Bindung und ihrer das Problem zudeckenden Unterstützung des Trinkers eine Verhaltensänderung oder die Aufnahme einer Therapie bei diesen eher verhindern, statt sie zu fördern. Das Problem verschärfende Faktoren sind leichte Erreichbarkeit von Alkohol am Arbeitsplatz ebenso wie oftmals gut gemeinte, laienhafte Interventionen wie Ratschläge und Absprachen, statt der Vermittlung fachlich begründeter leitlinienbasierter Hilfen.

Zahlen und Fakten

Alkoholkonsum

Der durchschnittliche Alkoholkonsum lag bei Erwachsenen ab 15 Jahren in Deutschland 2020 bei 10,0 Liter Reinalkohol – mit leicht abnehmender Tendenz in den letzten Jahren: 1970 14,4 Liter, 1990 12,1 Liter, 2010 11,6 Liter.

Im internationalen Vergleich (Daten: WHO, OECD, EU) ist Deutschland ein Hochkonsumland. Laut WHO konsumiert die Bevölkerung ab 15 Jahren aller Nationen durchschnittlich 5,8 Liter Reinalkohol. Der Durchschnittskonsum für Deutschland beträgt laut OECD 10,6 Liter für 2019. Die Bundesrepublik hat die Position 13 unter 44 Nationen der OECD-Statistik und liegt über dem Durchschnitt von 8,7 Liter Reinalkohol pro Person im Alter ab 15 Jahren. Spitzenreiter war im gleichen Jahr Rumänien mit 17 Liter Alkohol pro Kopf (DHS 2023).

Der Alkoholgehalt in alkoholischen Getränken wird in Volumenprozent (Vol. %) angegeben. Ein Volumenprozent entspricht 0,8 Gramm (g) Alkohol. Dementsprechend enthält ein Liter Rotwein (11–13 Vol. %) 88–104 g Alkohol (siehe weitere Informationen im Anhang).

Konsum, Missbrauch, Abhängigkeit

Die Bevölkerung in Deutschland umfasst 84,5 Mio. Einwohner, davon sind 64 % (54 Mio.) im erwerbsfähigen Alter (15 bis 64 Jahre) (Statistisches Bundesamt, 2023). In Deutschland konsumieren 9,3 Mio. Menschen der 18–64-jährigen Bevölkerung in gesundheitlich riskanter Form, durchschnittlicher Konsum von mehr als 12 g (Frauen) bzw. 24 g (Männer) Reinalkohol pro Tag. Etwa 3 % der Bevölkerung sind Alkoholiker, etwa 5 % Alkoholmissbraucher (Mann, Karl 2000).

Alkohol verursacht in Deutschland erhebliche gesundheitliche, soziale und volkswirtschaftliche Probleme.

Tab. 1: Alkoholkonsum in Deutschland und die Folgen	
Alkoholkonsum in gesundheitlich riskanter Form (2019)	9,3 Mio. (18,1 %)
Alkoholmissbrauch (2019)	1,4 Mio. (2,8 %)
Alkoholabhängige (2019)	1,6 Mio. (3,1 %)
Altersspektrum Frauen mit höchstem Alkoholkonsum	50–59 Jährige
Altersspektrum Männer mit höchstem Alkoholkonsum	Konsum steigt mit zunehmendem Alter an
Alkoholabhängige Arbeitnehmer	5 %
Alkoholabhängige Führungskräfte	10 %
Fehltage von Alkoholabhängigen im Zeitraum von 3 Jahren	189
Prozent der Arbeitsunfälle, bei denen Personen unter Alkoholeinfluss involviert waren	20–25 %
Sterbefälle pro Jahr an einer ausschließlich auf Alkohol zurückzuführenden Todesursache (2016)	Frauen: 19.000 Männer: 43.000
Behandlungsfälle in Krankenhäusern bei psychischen und Verhaltensstörungen durch Alkohol (2021)	234.444

Anzahl stationärer Behandlungen von alkoholischer Leberzirrhose (2021)	35.344
Anteil von Gewaltkriminalität unter Alkoholeinfluss (2022)	168.326
Davon Gefährliche und schwere Körperverletzung	560
Mord und Totschlag	661
Vergewaltigung, sexuelle Nötigung	1780
Volkswirtschaftliche Kosten (2023)	54,4 Mrd.
Davon ca. Direkte Kosten (Behandlungskosten)	14 Mrd.
Indirekte Kosten (Produktivitätsverlust)	40,4 Mrd.
Staatlichen Einnahmen aus alkoholbezogenen Steuern (2022)	3,17 Mrd.

Quellen:
Deutsche Hauptstelle für Suchtfragen e.V. DHS, Alkohol – Zahlen, Daten Fakten, DHS-Factsheet 2019, www.dhs.de
Lange C et al. Journal of Health Monitoring 2016, Robert Koch-Institut, Berlin
Saß A-C, , Journal of Health Monitoring 2016, Robert Koch-Institut, Berlin
Bundeskriminalamt BKA, Kriminalstatistik 2022
Bundesministerium für Gesundheit
Kraus L et al. Belastung Dritter durch alkoholbedingte Schäden, Institut Bundesministerium für Gesundheit, IFT Institut für Therapieforschung München (2015 bis 2016)
Jahrbuch Sucht 2023
Statista, www.statista.com
Petschler & Fuchs (2000): Betriebswirtschaftliche Kosten und Nutzenaspekte innerbetrieblicher Alkoholprobleme
Effertz (2015): Die volkswirtschaftlichen Kosten gefährlichen Konsums. Eine theoretische und empirische Analyse für Deutschland am Beispiel Alkohol, Tabak und Adipositas.

Morbidität und Mortalität

Eine psychische und Verhaltensstörung durch Alkohol wurde im Jahr 2021 als vierthäufigste Hauptdiagnose in Krankenhäusern mit 234.444 Behandlungsfällen diagnostiziert. Davon waren 170.913 Behandlungsfälle männliche Patienten und 63.531 Frauen (DHS 2023).

In Deutschland starben im Jahr 2016 an einer ausschließlich auf Alkohol zurückzuführenden Todesursache 19.000 Frauen und 43.000 Männer (DHS 2023).

Betriebs- und volkswirtschaftliche Kosten

Im DHS Jahrbuch werden nach einer aktuellen Untersuchung (Effertz T. 2020) die direkten und indirekten Kosten des Alkoholkonsums in Deutschland mit rund 54,04 Mrd. Euro beziffert (DHS Jahrbuch 2023).

Für die Effizienz betrieblicher Suchtprävention gibt es gute Argumente. Der betriebswirtschaftliche Schaden ergibt sich aus Lohn- und Gehaltsfortzahlungen bei Fehlzeiten und vor allem aus Minderleistung, Fehlern und aus Verärgerung von Mitarbeitern und Kunden. Es hat sich gezeigt, dass alkoholabhängige Mitarbeiter nur etwa drei Viertel der Leistungen nicht abhängiger Mitarbeiter erbringen.

Die volkswirtschaftliche Bewertung des Problems „Alkohol im Unternehmen" geht über die Analyse von Kasuistiken und betriebswirtschaftlichen Betrachtungen hinaus. Die Kosten alkoholbedingter Krankheiten (ohne Kriminalität und intangible Kosten) werden pro Jahr auf 20 Mrd. Euro geschätzt.

Die staatlichen Einnahmen aus alkoholbezogenen Steuern betrugen 2022 ca. 3,17 Mrd. Euro (Statista 2023).

Akute Alkoholwirkungen

Trunkenheit

Trunkenheit ist eine akute Alkoholvergiftung (Intoxikation) mit einer vorübergehenden Funktionsstörung des Gehirns, mit Verhaltensstörungen und körperlichen Beeinträchtigungen. Charakteristisch sind Abnahme der Besinnungs- und Kritikfähigkeit, oft verbunden mit impulsiven Handlungen und Bewusstseinstrübungen bis zum Koma.

Leichte Trunkenheit („angetrunken“)

Enthemmung („beschwingt“), Veränderungen der Wahrnehmungen und der Stimmung (Belebung oder Müdigkeit), verminderte psychomotorische Leistungsfähigkeit, Blutalkoholkonzentration (BAK) ca. 0,5–1,5 ‰.

Trunkenheit (einfacher Rausch)

Zunehmende Enthemmung, sinkende Kritikfähigkeit, Bewusstseinseinschränkungen bis Benommenheit, körperliche Störungen (Gleichgewicht, Sprache), BAK ca. 1,5–2,5 ‰.

Volltrunkenheit (Rausch)

Hochgradige reversible (vorübergehende) Intoxikation, ungesteuerte Erregung und Enthemmung, Verlust des Realitätsbezuges, Zunahme von Desorientiertheit und Benommenheit mit Übergang bis zum Koma (Bewusstlosigkeit), später Gedächtnislücke, BAK ab ca. 2,5 ‰. Bewusstlosigkeit ist ein lebensbedrohlicher Zustand, medizinische Überwachung und Behandlung sind geboten. „Koma-Trinken" ist als eine Art exzessiven Trinkverhaltens bei Jugendlichen zu beobachten.

BAK-Werte

Die angegebenen Werte entsprechen allgemeiner medizinischer Erfahrung. Jedoch gibt es Menschen mit Alkoholunverträglichkeit und solche mit hoher Alkoholtoleranz. Deshalb können im Einzelfall der subjektive Trunkenheitsgrad und die festgestellte BAK erheblich voneinander abweichen, d.h. nicht den durchschnittsüblichen Erfahrungen entsprechen.

Trinkverhalten

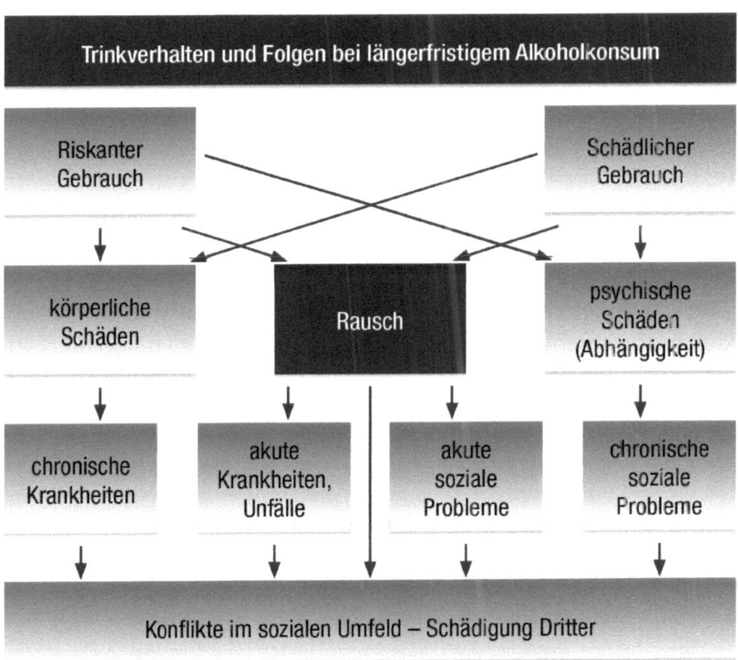

Abb. 1: Individuelle und soziale Folgen bei riskantem und bei schädlichem Gebrauch von Alkohol

Risikoarmer Alkoholkonsum

Ein unbedenkliches Maß für den Alkoholkonsum gibt es nicht, ein vollständiger Verzicht ist aus gesundheitlicher Sicht am besten (WHO Regionalbüro Europa). Ab wann erscheint Alkoholkonsum gesundheitsbedenklich? Ein geringfügiger gelegentlicher Konsum gilt als gesundheitlich unbedenklich. Die WHO und ebenso die Deutsche Hauptstelle für Suchtfragen (DHS) nennt dafür einen orientierenden Grenzwert von maximal täglich 12 g für Frauen und 24 g reinen Alkohols für Männer bei zwei alkoholfreien Tagen pro Woche. Darüber liegt riskanter Alkoholkonsum vor.

Riskanter Gebrauch

Dieser betrifft ca. 15 % der erwachsenen Bevölkerung mit einem durchschnittlichen Alkoholkonsum von mehr als 30 g/Tag für Männer und mehr als 20 g/Tag Reinalkohol für Frauen. Konsumverhalten und Menge des aufgenommenen Alkohols bilden ein erhebliches Risiko für das Auftreten von Gesundheitsschäden.

Schädlicher Gebrauch

In der internationalen Klassifikation (ICD-10) werden die in Deutschland bislang üblichen Begriffe „Missbrauch" und „Sucht" nicht verwendet. Dort gelten stattdessen die Begriffe „schädlicher Gebrauch" und „Abhängigkeit".

Schädlicher Gebrauch ist ein Konsumverhalten, das zu körperlichen, psychischen und sozialen Gesundheitsschäden führt. Die Folgen eines langfristigen Alkoholmissbrauches können sein:

Körperliche Schäden

Sie betreffen die Organe Leber (Fettleber, Leberzirrhose), Pankreas, Herz, Nervensystem (Hirnatrophie, Neuropathie), Muskulatur und ein erhöhtes Risiko für Hypertonie und Schlaganfall.

Psychische Folgeschäden

Ein chronischer Alkoholkonsum über Monate oder Jahre führt zu gravierenden neurologischen und mentalen Schäden, häufigen Stimmungsschwankungen, Angstzuständen, Gedächtnisstörungen, Depressionen und Suizidgefährdung.

Soziale Folgen

Häufige Konflikte mit Veränderungen des gesamten sozialen Umfeldes, persönliche Beziehungen zerbrechen, Verlust des Arbeitsplatzes, Verwahrlosung.

Mitarbeiter mit schädlichem Gebrauch, häufig als „Gewohnheitstrinker" bezeichnet, sind in der Regel nicht wegen Rauschtrinken auffällig, sondern wegen der Folgen eines oft über Jahre andauernden Konsums größerer Mengen Alkohol (meist über 80 g Reinalkohol/Tag). Ohne die täglichen Alkoholmengen treten Entzugserscheinungen auf, wie

- gesteigerte Unruhe,
- Gereiztheit,
- rasche Erschöpfbarkeit und
- Schlafstörungen.

Gewohnheitstrinker fallen am Arbeitsplatz auch auf durch zunehmende Leistungseinbußen wie

- Vergesslichkeit,
- Verlangsamung und
- Nachlässigkeiten

bei der Ausführung von Arbeiten.

Schädlicher Gebrauch kann in Abhängigkeit übergehen, aus Missbrauch wird Sucht. Der Übergang in die Abhängigkeit entwickelt sich meist weniger aus Genuss- und Geselligkeitstrinken, sondern vielmehr aus so genanntem Konflikt- oder Erleichterungstrinken. Alkohol soll die Lösung täglicher Probleme erleichtern, Alkohol wird als Mittel zur Lebensbewältigung eingesetzt.

Dabei wird Alkohol zunehmend häufiger in kleineren Mengen getrunken, aber mit steigender Dosierung. Das bedeutet Toleranzentwicklung durch Gewöhnung. Trinken wird schließlich zum Reflex, die Steuerung geht verloren, es wird zum Zwang und dient schließlich nur noch dazu, Entzugserscheinungen zu vermeiden. Bei weiterer Chronifizierung verschlechtert sich der körperliche Zustand, Persönlichkeitsabbau und sozialer Abstieg schreiten voran.

Hinweise auf schädlichen Gebrauch und Abhängigkeit

1. Alkoholbezogene Hinweise
   - Alkoholtrinken während der Arbeitszeit inklusive Mittagspausen
   - Trunkenheit am Arbeitsplatz
   - zeitweises Zittern und Schweißausbrüche, gerötete Augen,
   - allgemeine Unruhe

- Alkoholfahne oder Geruch nach „Atemreinigern" (Mundwasser, Pfefferminz, Eukalyptus) als Versuch, die Alkoholfahne zu überdecken

2. Arbeitsbezogene Hinweise
   - überdurchschnittlich häufige Krankmeldungen, oft Einzelfehltage
   - kurzfristiges Entfernen vom Arbeitsplatz, verlängerte Pausen
   - Unpünktlichkeit
   - Unzuverlässigkeit, verkrampfte Arbeitsweise, hastiges und heimliches Trinken
   - Meidung von Vorgesetzten aus Angst, das Alkoholproblem werde erkannt

3. Individuelle Hinweise
   - Stimmungsschwankungen mit Selbstüberschätzung und Angst, depressive Verstimmung, Gedächtnislücken
   - Misstrauen gegen Vorgesetzte und Kollegen, Distanzlosigkeit
   - Verneinung und Bagatellisierung des Alkoholkonsums
   - finanzielle Probleme, Verschuldung, Führerscheinverlust
   - Verlust familiärer Bindungen, sozialer Abstieg, Verwahrlosung

Abhängigkeit

Der Entwicklung einer Abhängigkeit geht in der Regel eine längere, meist über Jahre dauernde Phase des schädlichen Gebrauchs voraus. Das entscheidende Charakteristikum der Abhängigkeit ist das dringliche, übermächtige Verlangen nach Alkohol sowie ein fortgesetztes Verhalten zur Erlangung des Stoffs. Die Auslöser sowie die Folgen der Abhängigkeit können psychischer, biologischer (physischer) und sozialer Natur sein. Die Begriffe „Abhängigkeit" und „Sucht" bezeichnen weitgehend identische Zustandsbilder.

Tab. 2: Schutzfaktoren gegen Suchtmittelgefährdung (Auswahl nach Uchtenhagen)
Umweltfaktoren • Zugang zu Information und Bildung • Zugang zu Gesundheitseinrichtungen • Wohnqualität • Klima in der Schulklasse/am Arbeitsplatz • soziale Vernetzung • soziale Unterstützung • soziale Kontrolle • befriedigende Entwicklungsperspektiven
Individuelle Faktoren • Risikobewusstsein • Gesundheitsverhalten • Vertrauen in Selbstwirksamkeit • aktives Angehen von Problemen • Erfahrung im Bewältigen von Problemlagen (coping, social skills) • selbständige Urteilsbildung, Widerstand gegen Verführung • emotionale Stabilität • religiöse Bindung

Ursachen für die Entwicklung süchtigen Verhaltens

Es ist nicht die Aufgabe des Vorgesetzten bzw. des Betriebsarztes, im konkreten Fall die komplexen Ursachen für schädlichen Gebrauch oder für die Entwicklung der Alkoholabhängigkeit bei einem Mitarbeiter detailliert herauszuarbeiten. Anlässe für den Beginn einer derartigen Entwicklung können im Privatbereich, aber ebenso in der Arbeitswelt liegen.

Eine Abhängigkeit, sei sie stoffgebunden (Alkohol, Medikamente, Drogen) oder nicht stoffgebunden (Spielsucht, Arbeitssucht) entsteht nicht monokausal, auch wenn anfangs ein Motiv oder ein Anlass in den Vordergrund gestellt wird.

Drei Elementarbereiche lassen sich stets ausmachen. Sie liegen in der Persönlichkeit, in der Umwelt und in der Droge. In ihren tieferen Schichten ist die abhängige Persönlichkeit gekennzeichnet durch eine innere Leere. Die Umwelt ist in erster Linie die konkrete Lebens- und Arbeitswelt, aber auch die Gesellschaft mit ihren Wertvorstellungen. Bei der Droge sind ihre Erreichbarkeit, ihre gesellschaftliche Toleranz (legal, illegal) und ihre Wirkung wesentliche Faktoren. Jede Gesellschaft hat offensichtlich ihre typischen Drogen. Die Art und Weise, wie Alkohol konsumiert wird, ist auch ein Indikator für seine Situation in der Gesellschaft.

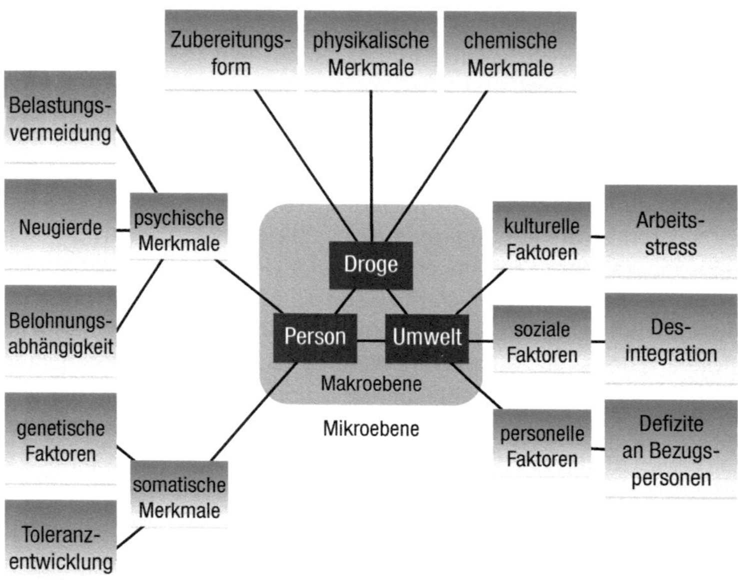

Abb. 2: Drei-Faktoren-Modell (Person, Umwelt, Droge) der Suchtentwicklung (nach Feuerlein). Bei der Entstehung und Aufrechterhaltung einer Sucht spielen körperliche (biologische, genetische), psychische und soziale Faktoren eine wichtige Rolle. Sucht ist das Ergebnis länger wirkender Wechselwirkungen von Merkmalen der Person, der Umwelt und der Drogen. Erweiterung des Drei-Faktoren-Modells um beobachtete Merkmale (nach Tretter 2000).

In der Repräsentativstudie der BZgA „Der Alkoholkonsum Jugendlicher und junger Erwachsener in Deutschland 2018" gaben 8,7 % der Jugendlichen im Alter von 12–17 Jahren an, regelmäßig, also mindestens einmal pro Woche, Alkohol zu konsumieren, im Jahr 2004 lag der Wert bei 21,2 %. Unter jungen Erwachsenen (18–25 Jahre) gaben 33,4 % an, regelmäßig Alkohol zu trinken. Ausgehend vom Jahr 2004 mit 43,6 % ist eine langfristig rückläufige Entwicklung zu beobachten. Der Alkoholkonsum bei Jugendlichen kann, neben individuellen Begründungen wie Ablösung von den Eltern, Selbstwertgefühl, Gruppenzugehörigkeit u.a., im Zusammenhang mit dem kulturellen Umbruch gesehen werden, dem unsere Gesellschaft ausgesetzt ist. Die sinnvollsten traditionellen Werte „Arbeit" und „Familie", die den Eltern als Lebensinhalt noch selbstverständlich waren, verlieren an Bedeutung. Kontinuierliche Berufskarrieren verschwinden, Digitalisierung und neue Berufsbilder verändern in rascher Folge die Arbeitswelt. Früher feste Familienstrukturen lösen sich schneller auf oder werden erst gar nicht eingegangen. Jugendliche fragen nach einer tragfähigen Perspektive für das Leben. Rauschtrinken inklusive der Akzeptanz der Gefahr von Abhängigkeit erscheint manchen als ein gangbarer Weg aus der empfundenen inneren Leere mit dem radikalen Verschwinden von Sinnhorizonten und Perspektiven. Die gängige Formel für diese Ziellosigkeit lautet

„Ich will alles, und zwar sofort!".

Bei Integration in einen Betrieb mit Führungskräften, die ihre Vorbildfunktion ernst nehmen, gewinnen Auszubildende oder junge Mitarbeiter eine Chance zur Entwicklung und Stabilisierung einer suchtresistenten Persönlichkeit. Andererseits müssen die Ausbilder die heutige Jugendkultur und mögliche Defizite in der Entwicklung kennen, wenn sie die im Betrieb geforderten Ausbildungsziele erreichen wollen.

Es gibt in unserer Gesellschaft, die den Alkoholkonsum nicht auf bestimmte Anlässe beschränkt, sondern bis in die Alltagskultur integriert hat, viele Situationen, die als Anlass zum Alkoholtrinken gedeutet werden. Die Arbeitswelt ist davon nicht ausgenommen. Ein- und Ausstand, Beförderungen, Geburtstage, Jubiläen und Betriebsfeiern sind solche Anlässe.

Demgegenüber sind bei der Entwicklung der Alkoholabhängigkeit, dem in der Regel einige Jahre des Missbrauchs vorangehen, längerfristig wirksame Risikofaktoren, aber auch protektive (schützende) Faktoren auszumachen.

Risikofaktoren

Art und Wirksamkeit einzelner Risikofaktoren ändern sich mit dem Lebensalter. Bei der Abhängigkeitsentwicklung treffen meist verschiedene Faktoren zusammen. Neben einer gewissen Anlage (genetische Disposition der Alkoholverträglichkeit) sind Erziehungsstile und Missbrauchsverhalten in der Herkunftsfamilie von Bedeutung. Ebenso zu nennen sind aktuelle Belastungen in emotionalen Beziehungen (Partnerschaft, Familie), der Einfluss der Gruppe (Peers), die soziale Situation, der Lebensstil in Freizeit und Arbeitswelt sowie gegebenenfalls deren unbewältigte Veränderungen und vor allem die Verfügbarkeit von Alkohol.

Protektive Faktoren

Selbstvertrauen, Befähigung zur Stressbewältigung, Verhaltenskompetenz im Umgang mit Alkohol, Kommunikations- und soziale Bindungsfähigkeit sowie die Fähigkeit und Bereitschaft zur Übernahme von Verantwortung für sich und andere.

Das Abhängigkeitssyndrom

Die Diagnose „Abhängigkeit" ist letztlich von Fachleuten in Beratungsstellen oder Fachkliniken zu stellen. Für Führungskräfte und Angehörige des betriebsärztlichen Bereichs ist es völlig ausreichend, wenn sie ein „Alkoholproblem" erkennen. Es kann aber für Vorgesetzte hilfreich sein, die einschlägigen Beurteilungskriterien zu kennen, zumal einige Kriterien auf ein Verhalten abstellen, das auch am Arbeitsplatz erkennbar wird. Alkoholabhängigkeit wird in der Regel dann diagnostiziert, wenn während des letzten Jahres mindestens drei der folgenden Kriterien gleichzeitig vorhanden waren (Diagnostische Leitlinien für das Abhängigkeitssyndrom, International Statistical Classification of Diseases and Related Health Problems, ICD10, WHO):

1. ein starker Wunsch oder eine Art Zwang, Alkohol zu konsumieren
2. verminderte Kontrollfähigkeit bezüglich Beginn, Beendigung oder der Menge des Konsums
3. Substanzgebrauch mit dem Ziel, substanzspezifische Entzugssymptome zu mildern oder zu vermeiden und der entsprechenden Erfahrung
4. das Auftreten eines körperlichen Entzugssymptoms (Zittern, Schweißausbrüche u.a.)
5. Nachweis der Toleranz, d.h. es sind zunehmend höhere Dosen erforderlich, um die ursprüngliche durch niedrigere Dosen erreichte Wirkung hervorzurufen (Alkoholmengen/Tag)
6. ein eingeengtes Verhaltensmuster im Umgang mit Alkohol, z.B. die Tendenz, Alkohol an Werktagen wie an Wochenenden zu trinken und die Regeln eines gesellschaftlich üblichen Trinkmusters außer Acht zu lassen
7. andere Vergnügungen oder Interessen werden zugunsten des Substanzkonsums zunehmend vernachlässigt
8. der Alkoholkonsum wird fortgesetzt, trotz nachweisbarer eindeutiger schädlicher Folgen körperlicher, psychischer oder sozialer Art

Entzugssyndrom

Wenn über längere Zeit fortgesetzter abhängiger Alkoholkonsum plötzlich abgebrochen wird, ist mit psychischen und/oder körperlichen Entzugssymptomen zu rechnen. Dazu gehören

- innerer Unruhe,
- Erregungszustände,
- Schlaflosigkeit,
- ängstlich-depressive oder
- suizidale Verstimmungen bis zu
- epileptiformen Anfällen.

Die Symptome dauern umso länger, je schwerer der Entzug ist.

Suchtprävention

Betriebliche Suchtprävention

Expandierende Produktionskosten und betriebliche Rentabilitätsüberlegungen haben seit den 1970er Jahren die Alkohol- und Suchtprävention für immer mehr Betriebe zum Thema gemacht. Die Deutsche Hauptstelle gegen die Suchtgefahren (DHS) hat bereits 1978 und 1989 Fachkonferenzen zum Thema „Suchtprobleme am Arbeitsplatz" abgehalten und dabei Einzelaspekte wie Arbeitssicherheit, betriebliche Konsummuster, Kosten und Chancen betrieblicher Interventionen durch Betriebs- und Werksärzte, Sozialarbeiter, Suchtberater u.a. diskutiert. Auch heute ist das Thema aktuell. Zeitgemäße Arbeitssysteme sind durch eine zunehmende Komplexität charakterisiert, sie stellen erhöhte Anforderungen hinsichtlich Selbstwahrnehmung, Problembewusstsein und Verantwortungsbereitschaft. Der Umgang der Gesamtgesellschaft mit Alkohol hat sich kaum verändert, aber für den Teilaspekt „ Alkohol und Arbeit" ist das Problembewusstsein gewachsen.

Die Verpflichtung zur Alkoholprävention entsteht aus der allgemeinen Fürsorgepflicht des Unternehmens gegenüber seinen Arbeitnehmern sowie aus der besonderen Pflicht zur Minimierung von Sicherheitsrisiken. In der praktischen Umsetzung haben sich folgende Leitlinien bewährt:

- Verdeutlichung der Problematik durch präventive Aufklärung der Mitarbeiter
- Definition von Regeln hinsichtlich des Umgangs mit Alkohol und anderen Suchtmitteln, auf die spezifischen Belange des Betriebes bzw. der Arbeit abgestimmt

- Kompetenzentwicklungen im Betrieb, um gegebenenfalls auf die verschiedenen Problemlagen adäquat reagieren zu können, d.h. Entwicklung von Gesprächsführungskompetenz, Schulung von Suchtfachkräften, Kooperationen mit innerbetrieblichen Fachdiensten (Sozialdienst, Betriebsarzt) und mit außerbetrieblichen Suchtberatungsstellen
- Abgestufte Regelungen und Durchsetzung von Sanktionen bei Verstößen

Das Konzept der betrieblichen Alkoholprävention umfasst die Bereiche Primär-, Sekundär- und Tertiärprävention und auf jeder dieser Ebenen die Verhaltens- und die Verhältnisprävention.

Primärprävention

Ziel ist die Ausschaltung gesundheitsschädigender Faktoren, bevor sie wirksam werden. Maßnahmen betrieblicher Primärprävention wenden sich an alle Mitarbeiter des Betriebes. Das heißt in erster Linie, dass die Firmenleitung entsprechende Vorschläge übernimmt oder Richtlinien zum Alkoholkonsum im eigenen Betrieb erarbeitet und darüber informiert. Das betrifft Einschränkungen im Konsum während der Arbeitszeit, Alkoholverbot, Kantinenregelung und gegebenenfalls weitere Maßnahmen gemäß Betriebsvereinbarung. Dazu gehört die Aufklärung der Mitarbeiter über Alkoholwirkungen, über Einschränkungen der Verfügbarkeit sowie das Vorgehen bei Verstößen gegen vereinbarte Regelungen. Die betriebliche Gesundheitsförderung nach dem Präventionsgesetz von 2015 ermöglicht den gesetzlichen Krankenkassen die Finanzierung der verhältnisbezogenen Suchtprävention nach § 20b SGB V in Betrieben.

Sekundärprävention

Ihr Anliegen ist die Früherkennung von Krankheiten, deren Behandlung und soweit möglich die Beseitigung der Risikofaktoren bzw. Krankheitsursachen. Bezogen auf Alkohol im Betrieb bedeutet dies, dass Vorgesetzte, aber auch Kollegen, die Alkoholproblematik möglichst frühzeitig erkennen und wissen, wohin sie sich wenden können, damit sachgerechte Hilfe eingeleitet wird. Schädlicher Alkoholkonsum sollte erkannt und behandelt werden, noch bevor der Betroffene eine Alkoholabhängigkeit entwickelt. Frühzeitige Interventionen sind erfahrungsgemäß erfolgreicher als spätes Eingreifen. Am Arbeitsplatz und im Privatbereich ersparen sie viel Ärger und Leid.

Tertiärprävention

Ziel der Tertiärprävention ist die Begrenzung von Krankheitsfolgen einschließlich sozialer Beeinträchtigungen sowie die Rückfallverhütung. Im Falle der Alkoholabhängigkeit würden Maßnahmen der Tertiärprävention nach erfolgreicher Akuttherapie (Entgiftung, Entzug) einsetzen. Sie unterstützt die Stabilisierung abstinenten Verhaltens und bei günstigem Verlauf die uneingeschränkte Reintegration in den Arbeitsprozess. Die Entzugsbehandlung kann dabei je nach Schwere der Erkrankung ambulant oder stationär durchgeführt werden. Die berufliche Rehabilitation wird gefördert, wenn Kollegen mithelfen, soziale Isolation und negative Emotionen zu überwinden, Alkoholkontakte zu vermeiden und wenn kompetente Ansprechpartner bei einem Rückfall erreichbar sind.

Suchtpräventive Programme liegen im Interesse des Unternehmens. Sie tragen zur Vermeidung von Produktivitätsverlusten bei durch Vermeidung von Leistungsminderung, Qualitätsverlust und Arbeitspflichtverletzungen, durch Reduzierung von Fehlzeiten und Unfällen durch Alkohol. Sie senken die Betriebskosten und dienen der Gesundheit der Mitarbeiter. In großen Betrieben und Verwaltungen werden seit den 80er Jahren Richtlinien und Betriebsvereinbarungen verabschiedet und umgesetzt. Mitarbeiter werden als Suchtkrankenhelfer geschult. Der Kontakt zu ambulanten Beratungs- und Behandlungsstellen sowie zu stationären Einrichtungen, zu Selbsthilfe- und Abstinenzgruppen wird aufgebaut. „Helfen statt kündigen" wurde zum Leitmotiv. Heute rückt darüber hinaus der Aspekt des supportiven Umgangs mit Mitarbeitern im Sinne von Gesundheitsförderung und positiver Befindlichkeit am Arbeitsplatz zunehmend in den Blickpunkt.

Missbrauch

Missbrauch und suchtstabilisierende Verhaltensmuster

Betriebsangehörige, die über lösungsorientierte Verhaltensmuster gegenüber Abhängigen nicht informiert sind, reagieren verunsichert, wenn ein Mitarbeiter in ihrem unmittelbaren Arbeitsbereich schädlichen Alkoholkonsum bzw. Alkoholabhängigkeit entwickelt. Oft haben sie nicht die genügende Distanz zum Abhängigen. Ihre Reaktion lässt sich in der Regel in drei Phasen unterteilen:

1. **Beschützer- und Erklärungsphase**
   Vorgesetzte und Kollegen sind zunächst bereit, unangenehme Folgen aus dem Verhalten des betroffenen Mitarbeiters abzumildern. Arbeitsanforderungen an ihn werden gemindert, Kollegen fangen Leistungsdefizite auf. Unregelmäßigkeiten werden vertuscht. Sie sind selbst in der Problematik verstrickt. Eine offene Konfrontation mit der realen Situation wird zunächst vermieden. Der Betreffende verspricht Besserung, die Toleranz der Umgebung ist oftmals groß. Dies trägt eher zur Stabilisierung des Missbrauchverhaltens bei. Häufige Rückfälle und nicht eingehaltene Versprechungen lassen schließlich die Toleranz der Umgebung schwinden.

2. **Kontrollphase**
   Vorgesetzte und Kollegen fühlen sich für den Betroffenen verantwortlich. Süchtige laden Personen ihrer Umgebung dazu ein, sich als Retter zu verhalten. Die Kollegen machen Auflagen und verlangen die Reduktion bzw. Beendigung des Alkoholkonsums und eine zu erbringende Arbeitsleistung. Betroffene ihrerseits

versuchen häufig den Zustand besser zu verbergen und ihr Fehlverhalten auszugleichen durch besonders serviles Verhalten. Abhängige werden oft zu bequemen Mitarbeitern, die vieles unkritisch hinnehmen.

3. **Konfrontationsphase**
   Wenn das süchtige Verhalten weiter eskaliert, und das Arbeitsklima zwischen den Kollegen unerträglich geworden ist, schlägt die Hilfsbereitschaft in Enttäuschung, Wut und Resignation um. Spätestens dann ist der Vorgesetzte zum Handeln gezwungen. Verständlicherweise besteht die eigentlich verzögerte Reaktion darin, das Problem jetzt möglichst schnell aus der Welt zu schaffen. Für den betroffenen Mitarbeiter aber hat gerade jetzt der Arbeitsplatz einen hohen Stellenwert. Für den Betrieb stellt sich die Frage, „helfen oder kündigen?"

Eine Perspektive mit berechtigter Hoffnung auf einen für alle Beteiligten guten Ausgang bietet ein betriebliches Hilfsprogramm, das klare Handlungsanleitungen für Vorgesetzte und betroffene Mitarbeiter bereithält. Betriebliche Hilfsprogramme werden aber nur wirksam, wenn die darin vorgesehenen spezifischen Führungsaufgaben und die Fürsorgepflicht vom Management wahrgenommen werden und die Akzeptanz im Betriebsrat und in der Belegschaft gegeben ist. Das Ergebnis der Bemühungen hängt letztlich aber vom betroffenen Mitarbeiter selbst ab. Kann und wird er, neben der betrieblichen Hilfestellung, das Angebot externer Suchtberatungsstellen, Fachkliniken und Selbsthilfegruppen für sich erfolgreich nutzen?

Verhaltensregeln

Verhaltensregeln für Vorgesetze im Umgang mit betroffenen Mitarbeitern

Der Vorgesetzte ist kein Suchttherapeut. Er stellt keine Diagnose, aber er erkennt ein Problem. Seine Führungsaufgabe und seine Fürsorgepflicht bestehen darin, beobachtete einschlägige Auffälligkeiten zu dokumentieren und den betroffenen Mitarbeiter im Gespräch mit den Erkenntnissen zu konfrontieren.

Die Basis für das Vorgehen des Vorgesetzten ist der Arbeits-, Dienst- oder Ausbildungsvertrag, indem sich der Arbeitnehmer zu bestimmten Leistungen verpflichtet. Gegebenenfalls stützt er sein Vorgehen auf die einschlägige Richtlinie oder die Betriebs-/Dienstvereinbarung, sofern eine solche für das Unternehmen vorliegt. Er verweist den Arbeitnehmer auf seine Pflicht zur vertraglich vereinbarten Arbeitsleistung und auf Konsequenzen bei Nichteinhaltung arbeitsvertraglicher Verpflichtungen. Er erläutert dem Betroffenen das betriebliche Hilfsprogramm und die Zugangswege zur Suchtberatung. Das vom Vorgesetzten eröffnete Gespräch über seine Wahrnehmungen wird in der Praxis vom Suchtkranken häufig auf die emotionale Ebene (Abwehr- und Leugnungstendenzen, Uneinsichtigkeit, Mitleid) verschoben. Der Vorgesetzte sollte mit reflektierten Zielvorgaben für die konkrete Person in das Gespräch gehen, Ausgangspunkt seiner Intervention sind die arbeitsvertraglichen Pflichtverletzungen. Der betroffene Arbeitnehmer bekommt die Auflage, die Pflichtverletzungen abzustellen und mit Hilfe interner oder externer Stellen das Suchtproblem zu lösen.

Früherkennung als Chance

Vorgesetzte sollten in Führungsseminaren über das Phänomen „süchtiges Verhalten" und die Rahmenbedingungen der betrieblichen Suchtprävention informiert werden. Das betrifft das Erkennen und den Umgang mit alkoholabhängigen Mitarbeitern sowie die Vermittlung möglicher Maßnahmen und Hilfen. Für Erstgespräche mit Mitarbeitern bei Verdacht auf schädigenden Alkoholkonsum ist eine soziale Kompetenz (zielorientierte Mitarbeitergespräche führen, Loyalitätskonflikte klären können u.a.) zu entwickeln. Der Vorgesetzte soll über betriebsinterne und externe Beratungs- und Behandlungsangebote informiert sein, um konkrete Hilfen anbieten zu können. Hierbei kann der Betriebsarzt wertvolle Hilfestellung leisten.

Der betroffene Mitarbeiter kann am Arbeitsplatz verbleiben, wenn eine noch vertretbare Arbeitsleistung erbracht wird und eine ambulante Behandlung ausreicht. Dazu muss der Vorgesetzte eindeutig klarstellen, welche Leistungen er in Zukunft von dem Betroffenen erwartet. Alte Verhaltensmuster sind aufzuklären und durch andere zu ersetzen. Derartige Vorgaben werden leichter akzeptiert, wenn der Vorgesetzte signalisiert, dass er seinen Mitarbeiter als Persönlichkeit schätzt, jedoch bestimmte Verhaltensweisen nicht toleriert. Auflagen und Folgetermin für ein weiteres Gespräch sollten schriftlich fixiert werden.

Hilfsprogramm

Betriebliches Hilfsprogramm: Helfen statt kündigen

Viele Unternehmen haben bereits einen innerbetrieblichen Arbeitskreis Sucht gegründet, dem Mitarbeiter der Personalabteilung, des Betriebsrates, der Sozialabteilung und des Betriebsärztlichen Dienstes angehören. Bei Neugründungen besteht die Aufgabe zunächst in einer Ist- und Soll-Analyse, d.h. Sammeln von Informationen über bereits bestehende Regelungen, über Alkoholkonsum und Missbrauch, über konsumfördernde Bedingungen im Betrieb. Daraus abgeleitet erfolgt die Unterbreitung von Vorschlägen, wie in Zukunft mit dem Problem umzugehen sei.

Leitsätze für den Arbeitskreis Sucht und eine entsprechende Betriebspolitik

- Alkoholabhängigkeit ist eine Krankheit und kein Zeichen von Willensschwäche
- Alkoholabhängigkeit kann in jedem Alter und auf jeder Stufe der betrieblichen Hierarchie offenkundig werden
- das Unternehmen unterstützt Betroffene darin, Kontakt mit Fachberatern aufzunehmen und eine Behandlung anzutreten
- Wahrung der Vertraulichkeit beim Umgang mit persönlichen Daten

Stadien der Veränderung

Für die Verhaltensänderung bei Abhängigkeit von Alkohol, Nikotin, Medikamenten oder Drogen lassen sich fünf Phasen unterscheiden (Transtheoretisches Modell nach Prochaska u.a.):

1. Indifferenz: In dieser Phase der Absichtslosigkeit wird eine Verhaltensänderung nicht angestrebt. Die Vorteile des Risikoverhaltens werden höher bewertet als die Nachteile bzw. als Alternativen.
2. Bewusstwerdung: In diesem Stadium beschäftigt sich die betroffene Person mit der Möglichkeit der Verhaltensänderung, allerdings ohne entsprechend zu handeln. Vor- und Nachteile des Risikoverhaltens werden noch als etwa gleich eingeschätzt, es besteht eine hohe Ambivalenz gegenüber Veränderungen.
3. Vorbereitung: Die Person beabsichtigt, ihr Verhalten zu verändern, und hat häufig schon erste, unzureichende Schritte unternommen.
4. Handlungsphase: Die Person hat ihr Verhalten bereits umgestellt, ist jedoch einem großen Rückfallrisiko ausgesetzt. In dieser Phase sind viele Faktoren von Bedeutung, z.B. intrapersonale Prozesse (Selbstwert, Erfahrung der Selbstwirksamkeit), interpersonelle Probleme (soziale Unterstützung durch Familie, Freunde) und Umgebungsfaktoren, z.B. unvermeidbare Exposition gegenüber dem Suchtstoff. Eine effektive Strategie muss diese Faktoren aktiv und individuell aufgreifen, weil sich hier entscheidet, ob die nächste Phase erreicht wird oder ob es zu einem Rückfall kommt.
5. Aufrechterhaltung: Die Aufrechterhaltung einer erreichten Abstinenz ist keine beiläufige Selbstverständlichkeit, sondern eine bewusste Auseinandersetzung mit der eigenen Situation. Dabei können Selbsthilfegruppen hilfreich sein. Mitglieder der Anony-

men Alkoholiker (AA) bekennen sich immer wieder zu diesem Risiko des Rückfalls, indem sie es aussprechen:

„Ich bin Alkoholiker, aber seit … trocken."

Stufenplan des betrieblichen Hilfsprogramms

Die Erfolge betrieblicher Alkoholprogramme sind beachtlich. Die Alternative, Alkohol oder Arbeitsplatz ist eine starke und nachhaltige Motivationskraft. Die Programme stellen deshalb auch eine wesentliche Ergänzung der allgemeinen Suchtprävention und Rehabilitation dar.

Im Rahmen der betrieblichen Suchtprävention wurden für das konkrete Vorgehen der Vorgesetzten Stufenpläne entwickelt. Die entsprechenden Richtlinien bzw. Betriebs- oder Dienstvereinbarungen orientieren sich meist an einem 5-stufigen Vorgehen.

Das 5-Stufenprogamm hebt darauf ab, bei dem Betroffenen Behandlungsmotivation zu erzeugen und ihn einer ambulanten oder stationären Therapie zuzuführen. Die Behandlung zielt auf Abstinenz und auf die Reintegration des Betroffenen in den Arbeitsprozess ab. Wird das Angebot nicht angenommen und das Verhalten nicht verändert, so steht am Ende die Kündigung.

1. **Erstes Gespräch**
   Der Vorgesetzte eröffnet dem Betroffenen die von ihm wahrgenommenen Zusammenhänge zwischen Verletzung arbeitsvertraglicher Pflichten und dem Alkoholkonsum.

2. **Zweites Gespräch**
   Vom Vorgesetzten werden erneute Pflichtverletzungen dargelegt. Das Gespräch wird dokumentiert. Ein nächstes Konfliktgespräch und ggf. die Abmahnung werden angekündigt. Die Inanspruchnahme einer psychosozialen Beratung bzw. Suchtberatung und der Kontakt zu einer Selbsthilfegruppe werden empfohlen.

3. **Drittes Gespräch**
   Bei weiteren arbeitsvertraglichen Pflichtverletzungen wird der Betroffene damit konfrontiert, die erste Abmahnung wird ausgesprochen und eine weitere bei entsprechendem Fortgang angedroht. Der Betroffene wird aufgefordert, Hilfe (Beratungsstelle, Selbsthilfegruppe) in Anspruch zu nehmen. Das Gesprächsprotokoll kommt zur Personalakte.

4. **Viertes Gespräch**
   Bei fehlender Verhaltensänderung und fortgesetzter Auflagenmissachtung wird die zweite Abmahnung ausgesprochen. Wird eine Behandlung weiterhin abgelehnt, so wird kurzfristig (ca. 1 Woche) ein weiteres Gespräch vereinbart.

5. **Fünftes Gespräch**
   Bei weiteren Verstößen gegen arbeitsrechtliche Verpflichtungen und die Auflagen aus dem vierten Gespräch wird die Kündigung ausgesprochen.

Die im Folgenden abgedruckte Richtlinie zur Suchtprävention einer Firma und die Dienstvereinbarung einer öffentlichen Verwaltung beschreiben und begründen das Vorgehen in den Einzelheiten. Eine Richtlinie ist eine normative Forderung für adäquates Handeln bzw. Vorgehen in ihrem Geltungsbereich, also eine Handlungsanweisung mit bindendem Charakter. Sie ist mehr als eine Leitlinie, die als Entscheidungshilfe für adäquates Handeln bzw. Vorgehen verstanden wird.

Im Internet finden sich zahlreiche Beispiele für Betriebsvereinbarungen über Richtlinien zur Alkohol- bzw. Suchtprävention im Unternehmen sowie Dienstvereinbarungen in Kommunen, öffentlichen Einrichtungen (Universitäten, Hochschulen) und Verbänden (Caritasverband, Evangelischer Kirchenverband).

Unternehmensrichtlinie

Suchtprävention bei der NN Aktiengesellschaft

Arbeitsmappe für die Vorgesetzten

Inhaltsübersicht:

- Richtlinie
- Merkblatt für Vorgesetzte
- Merkblatt für angesprochenen Mitarbeiter
- Erläuterungen zur Richtlinie
- Rechtliche Kurzhinweise
- Anhang: Gesprächshinweise, Notizen

Richtlinie über den Umgang mit suchtgefährdeten bzw. suchtkranken Mitarbeitern

§ 1 Vorbemerkung

Jeder Suchtmittelmissbrauch stellt ein gesundheitliches, soziales und wirtschaftliches Problem dar.

Diese Gesellschaftsproblematik berührt entsprechend auch die NN Aktiengesellschaft.

Die folgende Richtlinie wurde aufgrund von Erfahrungen und Kenntnissen bezüglich des Alkoholmissbrauchs entwickelt. Grundlegend ist die Anerkennung der Alkoholabhängigkeit als Krankheit im medizinischen und rechtlichen Sinn.

Sie gilt entsprechend für jeden anderen vergleichbaren Suchtmittelmissbrauch (z.B. Tabletten, illegale Drogen). Die Richtlinie kann bei Vorliegen neuerer Erkenntnisse angepasst werden, wenn der Arbeitskreis dies empfiehlt (vgl. § 8).

Sie ist ein Leitfaden, d.h. insbesondere die Anwendung des Stufenplans erfolgt unter Berücksichtigung der Besonderheiten des jeweiligen Einzelfalles.

§ 2 Geltungsbereich

Die Richtlinie gilt für alle Beschäftigten der NN Aktiengesellschaft, einschließlich der Auszubildenden (i.S. § 3 BBiG).

§ 3 Zweck der Richtlinie

ist es:

1. auf den verantwortungsbewussten Umgang mit Alkohol hinzuwirken und bereits Suchtkranke auf Hilfen aufmerksam zu machen,
2. den Beteiligten eine einheitliche Regelung als Hilfe an die Hand zu geben, die den Alkoholmissbrauch im Betrieb durch geeignete und konsequente Maßnahmen verhindert, um die Arbeitsleistung, Arbeitssicherheit und die Gesundheit aller Mitarbeiter zu erhalten und zu fördern.

§ 4 Gebrauch von Suchtmitteln

In Bezug auf Alkohol am Arbeitsplatz gilt insbesondere die DGUV Vorschrift 1 § 15 Abs. 2 der Unfallverhütungsvorschriften/Allgemeine Vorschriften. Danach ist für die betriebliche Tätigkeit Folgendes maßgebend:

1. Versicherte dürfen sich durch Alkoholgenuss nicht in einen Zustand versetzen, durch den sie sich selbst oder andere gefährden können.
2. Versicherte, die infolge Alkoholgenusses oder anderer berauschender Mittel nicht mehr in der Lage sind, ihre Arbeit ohne Gefahr für sich oder andere auszuführen, dürfen mit Arbeiten nicht beschäftigt werden.

Das Beschäftigungsverbot zwingt nicht zur Entfernung aus dem Betrieb. Ob die Entfernung vertretbar ist, muss im Einzelfall entschieden werden.

§ 5 Vier-Stufenplan

1. Stufe

Stellt der Vorgesetzte fest, dass ein Mitarbeiter mit Alkoholmissbrauch seine vertraglichen Pflichten nicht ordnungsgemäß erfüllt („Auffälligkeit"), führt er mit dem Betroffenen ein Gespräch.

Der Vorgesetzte stellt diese Auffälligkeiten dem Betroffenen gegenüber dar und weist auf Hilfen hin (z.B. externe NN-Beratungsstelle oder die/der Werkärztin/Werkarzt). Er weist darauf hin, dass mit arbeitsrechtlichen Konsequenzen (Abmahnung, als letztes Mittel Kündigung) gerechnet werden muss, falls sich eine Auffälligkeit wiederholt.

Über dieses Gespräch informiert der Vorgesetzte die Personalabteilung, diese wiederum den Betriebsrat.

2. Stufe

Bleibt bzw. wird der Betroffene wiederum auffällig, führt der Vorgesetzte das nächste Gespräch mit ihm gemeinsam, mit einem Vertreter der Personalabteilung und einem Vertreter des Betriebsrates (ggf. Abmahnungsgespräch). Zum Gespräch kann ebenfalls die/der Werkärztin/Werkarzt hinzugezogen werden.

Der betroffene Mitarbeiter wird aufgefordert, sein Verhalten zu ändern. Er wird auf Hilfen (vgl. 1. Stufe) hingewiesen. Gleichzeitig erfolgt der Hinweis, dass er im Wiederholungsfalle mit arbeitsrechtlichen Konsequenzen rechnen muss.

3. Stufe

Bleibt bzw. wird der Mitarbeiter erneut auffällig, so findet ein drittes bzw. viertes und damit letztes Gespräch mit dem Betroffenen statt. An diesem Gespräch nehmen teil: der Vorgesetzte, ein Vertreter der Personalabteilung, ein Vertreter des Betriebsrates sowie ggf. die/der Werkärztin/Werkarzt (ggf. ein externer Berater, Familienangehöriger).

Der Betroffene wird letztmalig aufgefordert, nicht mehr negativ aufzufallen oder die Anmeldung zu einer Therapiemaßnahme innerhalb eines Monats vorzuweisen. Ihm wird deutlich gemacht, dass bei einer weiteren Auffälligkeit die Kündigung erfolgen wird, es sei denn, er weist fristgerecht die Anmeldung zur Therapie nach.

4. Stufe

Lässt der Betroffene die Frist zur Teilnahme an einer Therapie verstreichen und bleibt bzw. wird er erneut auffällig, erfolgt die Kündigung unter Beachtung der gesetzlichen und tariflichen Bestimmungen.

§ 6 Wiedereingliederung

Nach Abschluss der Therapie führt der unmittelbare Vorgesetzte zusammen mit einem Vertreter der Personalabteilung mit dem Betroffenen ein Rückkehrgespräch. Auf Wunsch des Mitarbeiters kann ein Vertreter des Betriebsrates teilnehmen.

Ziel dieses Gesprächs ist die Erleichterung der Wiedereingliederung des Mitarbeiters.

Der Vorgesetzte hat darauf hinzuwirken, dass der abstinente Betroffene nach einer ambulanten oder stationären Behandlung wieder voll integriert wird.

§ 7 Rückfall

Bei Rückfall nach einer Therapiemaßnahme hat der Vorgesetzte mit der Personalabteilung, dem Betriebsrat, der/des Werkärztin/Werkarztes, das weitere Vorgehen unter Berücksichtigung der Umstände des Einzelfalles zu regeln.

§ 8 Arbeitskreis Suchtprävention

Der Arbeitskreis Suchtprävention trifft sich regelmäßig zum Erfahrungsaustausch und zur Entwicklung von Maßnahmen, die die Zweckerreichung dieser Richtlinie fördern.

Die Mitglieder des Arbeitskreises beraten Vorgesetzte und Betroffene auf Wunsch.

§ 9 Schweigepflicht

Im Rahmen von Beratungsgesprächen ist von den Gesprächsteilnehmern die Schweigepflicht Dritten gegenüber zu beachten.

____________________________ Ort, Datum

NN Aktiengesellschaft

Merkblatt für Vorgesetzte

Suchtprävention – Merkblatt für Vorgesetzte

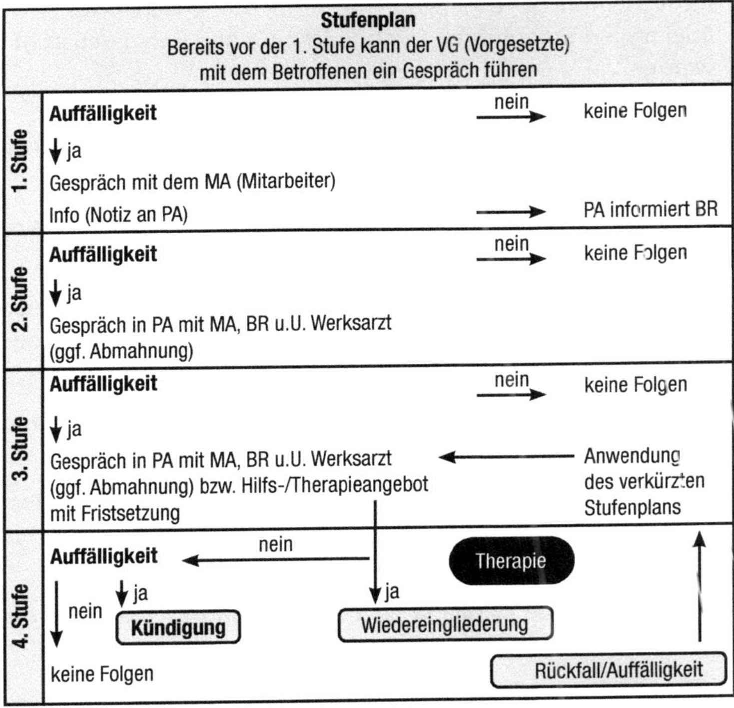

Abb. 3: 4-Stufenplan der Unternehmensrichtlinie Suchtprävention (§ 5) Beteiligte: PA (Personalabteilung), BR (Betriebsrat), MA (Mitarbeiter), VG (Vorgesetzter), Werksarzt

Für den Suchtmittelmissbrauch am Arbeitsplatz gilt DGUV Vorschrift 1 § 15 Abs. 2:

„Versicherte dürfen sich durch den Konsum von Alkohol, Drogen und anderen berauschenden Mitteln nicht in einen Zustand versetzen, durch den sie sich selbst oder andere gefährden könnten.

Mitarbeiter, die durch Alkohol oder andere berauschende Mittel nicht mehr in der Lage sind, ihre Arbeit ohne Gefahr für sich oder andere auszuführen, dürfen nicht mit Arbeiten beschäftigt werden."

Zur Führungsaufgabe eines Vorgesetzten gehört das Ansprechen jedes arbeitsvertragsverletzenden Verhaltens.

Dabei spielt es zunächst keine Rolle, ob Suchtmittelmissbrauch eine Rolle spielt.

Spielt Alkohol eine Rolle, kann es Vorgesetzten aus verschiedenen Gründen weniger leichtfallen, ein Gespräch zu beginnen bzw. den vermuteten Suchtmittelmissbrauch konkret anzusprechen.

Folgende Stichworte sollen deshalb die Notwendigkeit eines Gesprächs verdeutlichen:

- Fürsorgepflicht dem Mitarbeiter (indirekt der Familie) gegenüber
- Wahrnehmung der betrieblichen Interessen
- Wahrung der Eigeninteressen

Der Weg, den die Richtlinie Suchtprävention beschreibt, ist der richtige:

Es ist erwiesen, dass vor allem der rechtzeitige „konstruktive Leidensdruck" (= Androhung arbeitsrechtlicher Konsequenzen verbunden mit Hilfsangeboten) zur Abstinenz von Abhängigen führen kann.

Der Schlüssel zum Erfolg liegt in der Regel beim Vorgesetzten:

90 % aller therapiewilligen Alkoholkranken haben durch das Reagieren ihrer Vorgesetzten den Weg zu einer Beratungsstelle gefunden!

Sollten Sie Fragen haben, wenden Sie sich bitte an einen der angegebenen Ansprechpartner aus dem Arbeitskreis Suchtprävention oder an die externe Beratungsstelle:

Tab. 3: Liste der Ansprechpartner für Vorgesetzte

Ansprechpartner	**Telefonnummer**
Werksärztin/Werksarzt	
BF	
BN	
BR	
P	
Q	
oder extern: Suchtberatungs- und Behandlungsstelle	

Merkblatt für Mitarbeiter

Suchtprävention – Merkblatt

Sie wurden von Ihrem Vorgesetzen wegen eines auffälligen Verhaltens angesprochen.

Anlass für dieses Gespräch können Auffälligkeiten im

- Arbeitsverhalten
- Sozialverhalten

gewesen sein.

Ihr Vorgesetzter hatte Anzeichen erkannt, dass Ursache dieser Verhaltensauffälligkeiten ein Suchtmittelmissbrauch sein kann. Aus seiner Führungsverantwortung heraus und in Wahrnehmung seiner Fürsorgepflicht Ihnen und aller Kollegen gegenüber hat er dieses Gespräch geführt.

Es liegt in Ihrer Verantwortung, weitere Auffälligkeiten zu vermeiden. Als Hilfe dazu, falls Sie entsprechenden Bedarf erkennen, können Sie sich zum Beispiel wenden an:

Tab. 4: Liste der Ansprechpartner für Mitarbeiter

Werksärztin	Telefonnummer
Betriebsrat (BR)	
Externe Suchtberatungs- und Behandlungsstelle	

Sollten weitere Auffälligkeiten festgestellt werden, müssen Sie mit arbeitsrechtlichen Konsequenzen rechnen, die letztlich auch zum Verlust Ihres Arbeitsplatzes führen können.

Erläuterungen

Erläuterungen zur Richtlinie „Suchtprävention"

Die Richtlinie wurde entwickelt durch einen betrieblichen Arbeitskreis, in dem u.a. die Arbeitssicherheit, Vertreter des Betriebsrates, der Schwerbehindertenvertretung, der Personalabteilung, Vorgesetzte verschiedener Fachabteilungen sowie die Werkärztin vertreten waren. Als externer Experte wirkte darüber hinaus zum Teil der Leiter der Suchtberatungs- und Behandlungsstelle mit.

zu § 1

Vorbemerkung: Warum wurde diese Richtlinie entwickelt?

Nach statistischen Feststellungen, die für NN Aktiengesellschaft entsprechend gelten, sind ca. 5–10 % der Beschäftigten alkoholgefährdet bzw. alkoholkrank. Als alkoholkrank wird derjenige bezeichnet, der nicht mehr aus eigener Kraft auf den Alkoholkonsum verzichten kann.

Aus dem Alkoholmissbrauch resultieren folgende betriebliche und außerbetriebliche Konsequenzen:

Alkoholkranke

- fehlen ca. 16-mal häufiger am Arbeitsplatz
- sind 3,5-mal so oft in Betriebsunfälle verwickelt

- verursachen 4-mal höhere Entgeltfortzahlung im Krankheitsfall
- sind 2,5-mal häufiger krank
- verursachen Zusatzkosten aufgrund
  - mangelnder Qualität
  - Schäden an Maschinen
  - Gefährdung/Schädigung Dritter
  - Maßnahmen gegen Ausfallzeiten

Ebenso folgenschwer sind häufig die Auswirkungen im privaten/familiären Bereich.

Aus betriebswirtschaftlichen und aus personalpolitisch-sozialen Gründen kommt es deshalb darauf an, den Alkohol- sowie allen Suchtmittelmissbrauch zu reduzieren.

Satz 3 und 4

Die Richtlinie wurde in erster Linie im Hinblick auf das Suchtmittel Alkohol ausgerichtet. Grund hierfür sind zum einen die oben erwähnten überaus schwerwiegenden Folgen. Zum anderen ist eine alkoholbedingte Auffälligkeit in der Regel leichter feststellbar als z.B. Tablettenmissbrauch. Darüber hinaus ist der richtige Umgang mit diesen Betroffenen durch entsprechende Erfahrungen und Untersuchungen seit langem bekannt.

Dennoch soll diese Richtlinie sinngemäß Anwendung finden beim Missbrauch anderer Drogen.

Die Richtlinie basiert auf aktuellen Erkenntnissen und Erfahrungen in Zusammenhang mit der Suchtprävention.

Sollten neue Erkenntnisse gewonnen werden, kann sie nach Empfehlung des Arbeitskreises durch die Unternehmensleitung entsprechend angepasst werden.

Mit dieser Richtlinie (Rili) soll ebenfalls zum Ausdruck kommen, dass die Vorgehensweise nicht starr ist. Wie im letzten Satz beschrieben, ist letztlich jeder Fall individuell nach ggf. besonderen Umständen zu beurteilen.

zu § 2

Für welchen Personenkreis findet diese Richtlinie Anwendung?

Alle Mitarbeiter des Werkes haben sich nach diesen Vorgaben zu richten, sei es als Mitarbeiter, der keine alkoholbedingten Auffälligkeiten zeigen darf, als auch der Vorgesetzte, der im Rahmen dieser Leitlinie auf einen Betroffenen zugeht.

zu § 3

Was bezweckt diese Richtlinie?

Es ist beabsichtigt, die Suchtgefahren insgesamt mehr als bisher zum Thema bei NN Aktiengesellschaft zu machen. Das Thema soll diskutiert werden, da gerade ein Verschweigen der schlechteste Weg ist.

Durch Nichthandeln geht wertvolle Zeit für die richtige/rechtzeitige Hilfe verloren.

Für die Betroffenen gilt: Je eher die Hilfe akzeptiert wird, desto eher können sie den Missbrauch beenden.

Die Richtlinie soll für alle Mitarbeiter ein klares Regelwerk darstellen.

- Für die Vorgesetzten soll sie Handlungsanleitung/Hilfe für den richtigen Umgang mit dem Betroffenen sein.
- Sie stellt insgesamt ein Hilfsprogramm für alle Betroffenen dar.

- Sie soll die Gleichbehandlung aller betroffenen Mitarbeiter hinsichtlich der Hilfsangebote und arbeitsrechtlichen Folgen gewährleisten.

zu § 4

Welcher Grundsatz gilt bei Suchtmittelmissbrauch im Betrieb?

DGUV Vorschrift 1 § 15 Abs. 2 zielt auf zwei Personengruppen:

1. Der Mitarbeiter wird auf seine Eigenverantwortung bezüglich seines Umgangs mit Alkohol hingewiesen.
   Nach dem Wortlaut ist der Konsum von Alkohol nicht verboten. Dem Konsum sind jedoch Grenzen gesetzt in Abhängigkeit vom Gefährdungspotenzial, also den möglichen Gefahren, von der körperlichen Verfassung und der jeweiligen Arbeitsaufgabe.
2. Der Vorgesetzte (VG) seinerseits hat die Pflicht darauf zu achten, dass der Mitarbeiter (MA) diese Grenzen einhält.

Wird diese Grenze überschritten, hat der Vorgesetzte die Pflicht, den Mitarbeiter nicht mehr weiter zu beschäftigen und ihn ggf. in Begleitung nach Hause zu bringen.

Kommt der Vorgesetzte dieser Verpflichtung nicht nach, könnte dies sogar persönliche strafrechtliche Folgen haben.

Als Vorgesetzter kommt in erster Linie – aufgrund der Nähe zum Mitarbeiter – der unmittelbare Vorgesetzte in Betracht. Letztlich jedoch, insbesondere falls dieser abwesend ist, keine Auffälligkeit bemerkt oder nicht handelt, steht immer auch der nächsthöhere Vorgesetzte in Verantwortung.

zu § 5

Welcher Weg ist im Umgang mit Betroffenen zu beachten?

Vorbemerkung:

Jeder Suchtgefährdete oder suchtkranke Mitarbeiter sollte zur Erhaltung der eigenen Gesundheit und aus Rücksicht auf seine Angehörigen und Arbeitskollegen von sich aus den Weg zu einer Suchtberatungsstelle oder zum Arzt suchen.

In der Regel gesteht sich ein Betroffener jedoch erst nach einigen – von Dritten initiierten Gesprächen – sein ernsthaftes persönliches Problem ein. Bis dahin ist für eine Hilfe viel wertvolle Zeit verloren gegangen.

Üblicherweise ist der Vorgesetzte aufgrund des täglichen Kontaktes einer der ersten, der ein Fehlverhalten feststellt, das mit Alkoholmissbrauch in Verbindung gebracht werden kann.

Deshalb ist – zumindest zu Beginn – insbesondere der Vorgesetzte die Person, die eine konsequente Abfolge von Maßnahmen einleiten kann.

Mit dem Ansprechen des Mitarbeiters nimmt der Vorgesetzte verantwortlich seine Führungsaufgabe wahr.

Folgende Feststellung soll dem Vorgesetzten jedes Bedenken nehmen, einen betroffenen Mitarbeiter anzusprechen:

Es existieren Erfahrungswerte, nach denen 90 % aller therapiewilligen Alkoholkranken durch das Reagieren der Vorgesetzten den Weg zu einer Beratungsstelle gefunden haben.

Der Stufenplan

In einer Folge von Gesprächen wird dem Betroffenen auf der einen Seite konkrete Hilfe angeboten, auf der anderen Seite unzweifelhaft verdeutlicht, dass bei Ausbleiben der positiven Veränderung letztlich die Kündigung erfolgen kann.

Der Stufenplan baut auf diese Weise den so genannten „konstruktiven Leidensdruck" auf, um den Betroffenen zur Einsicht in seine Krankheit zu bewegen, damit er sich von seiner Suchtgefährdung lösen kann. Dahinter steht die Erfahrung, dass Mitarbeiter, denen letztlich der Verlust des Arbeitsplatzes droht, eher abstinent leben werden.

Bei Fragen zur Gesprächsführung bieten die Personalabteilung und der Betriebsrat ihre Unterstützung an. Weitere Ansprechpartner sind die anderen genannten Teilnehmer des Arbeitskreises (der Name des Betroffenen muss nicht genannt werden bzw. unterliegt der Schweigepflicht). Vgl. „Merkblatt für Vorgesetzte".

Der Stufenplan setzt ein mit einem Gespräch des Vorgesetzten mit dem Mitarbeiter, über dessen Inhalt die Personalabteilung/BR informiert wird. Der Vorgesetzte hat selbstverständlich die Möglichkeit, in ein bis zwei Gesprächen vor diesem auf entsprechende Auffälligkeiten hinzuweisen und mit dem Mitarbeiter zu besprechen. Ändert sich das Verhalten nicht und spielt entgegen der Beteuerung des Mitarbeiters jedes Mal auch der Alkoholgenuss eine Rolle, so informiert er die Personalabteilung.

Selbstverständlich sollen auch wie bisher Fehlverhalten (ohne Suchtmittelmissbrauch) dem Mitarbeiter gegenüber angesprochen werden (Führungsaufgabe!) und ggf. auch in der Personalabteilung besprochen werden (ggf. Abmahnung).

Der Unterschied zu Auffälligkeiten (= Fehlverhalten in Verbindung mit Suchtmittelmissbrauch) ist der Wille des Unternehmens zur Hilfe sowie der komplexe rechtliche Hintergrund bei arbeitsrechtlichen Maßnahmen in Verbindung mit Suchtmittelmissbrauch. Suchtmittelmissbrauch wird von der Rechtsprechung als Krankheit im Sinne des Entgeltfortzahlungsgesetzes gewertet.

Welche Merkmale können Auslöser für ein Gespräch sein?

Leistung

- niedrige Arbeitsquantität und/oder -qualität, Verlust von Werkzeugen oder Material, andere Unzuverlässigkeiten
- starke Leistungsschwankungen

Fehlzeiten

- Häufung einzelner Fehltage
- kurzfristiges unbegründetes Entfernen vom Arbeitsplatz

Noch einmal:

Diese Merkmale sind in der Regel, unabhängig vom etwaigen Alkoholgenuss, Anlass für ein Gespräch (ggf. Abmahnung).

Sofern folgende weitere Feststellungen hinzukommen, können dies Anzeichen sein, die Rückschlüsse auf Alkoholmissbrauch zulassen. Damit befinden wir uns im Anwendungsbereich dieser Richtlinie:

Verhaltensauffälligkeiten

Trinkverhalten

- Alkoholkonsum zu unpassenden Gelegenheiten
- heimliches Trinken

Verhalten in Verbindung mit Fehlzeiten

- Entschuldigung durch andere

Allgemeines Verhalten

- starke Stimmungsschwankungen
- unangemessen nervös/reizbar
- unangemessen aufgekratzt
- auffallend gesprächig und gesellig
- großspurig oder aggressiv
- unterwürfig oder überangepasst

Äußeres Erscheinungsbild/Auftreten

- vernachlässigte Körperpflege/Kleidung
- Händezittern
- Schweißausbrüche
- Artikulationsschwierigkeiten
- Alkoholfahne
- torkelnder oder unsicherer Gang

Die letzte Stufe im Plan macht deutlich, dass sich letztlich der Mitarbeiter entscheiden muss, ob er sein Verhalten ändert oder nicht. Er muss auf alle Fälle den Schritt in eine Therapiemaßnahme machen, falls er seinen Arbeitsplatz erhalten will. Wie diese Therapie im Einzelnen gestaltet ist, wird durch die Gesprächsteilnehmer der letzten Stufe festgelegt (in der Regel unter Hinzuziehung des Vertreters einer offiziellen Suchtberatungs- und Behandlungsstelle).

NN Aktiengesellschaft verpflichtet sich, den Arbeitsplatz entsprechend freizuhalten und den Rückkehrer nach erfolgreicher Therapie wieder zu integrieren (§ 6 Wiedereingliederung).

Bricht der Mitarbeiter die Therapie ab, so erfolgt ggf. die Kündigung.

Was passiert, wenn der Betroffene nach einer Therapie rückfällig wird?

Ein Rückfall nach einer erfolgreich absolvierten Maßnahme wird nach den Umständen des Einzelfalls beurteilt.

Grundsätzlich ist zu sagen, dass, je länger der Betroffene abstinent gelebt hat, umso eher kann von ihm auch künftig ein alkoholmissbrauchsfreies Mitarbeiten erwartet werden.

zu § 8

Wer sind die Teilnehmer des „Arbeitskreis Suchtprävention" und was sind seine Aufgaben?

Vgl.: Einleitungssatz dieser Erläuterungen

Ansprechpartner können sein:

Tab. 5: Liste der Ansprechpartner

Interne Stellen	**Telefonnummer**
Werksärztin	
BF	
BN	
BR	
P	
Q	
oder Externe: Suchtberatungs- und Behandlungsstelle	

zu § 9

Was beinhaltet die Schweigepflicht?

Inhalte reiner Beratungsgespräche bleiben unter Gesprächsteilnehmern. Gesprächsinhalte mit arbeitsrechtlichen Maßnahmen werden im Rahmen der rechtlichen Zulässigkeit unter Wahrung des Persönlichkeitsrechts vertraulich behandelt.

Rechtliche Kurzhinweise zur Suchtproblematik/zum Suchtmittelmissbrauch in der betrieblichen Praxis

Suchtmittelmissbrauch

Kernvorschrift:

DGUV Vorschrift 1 § 15 Abs. 2

Der Arbeitnehmer (AN) darf sich nicht durch seinen Alkoholkonsum in einen Zustand versetzen, durch den er sich selbst und andere gefährden kann.

(Dies stellt ein „relatives Alkoholverbot“ dar und bedeutet die Gestattung des Genusses alkoholischer Getränke, soweit keine Gefährdung anderer oder der eigenen Person zu befürchten ist. Wann dies der Fall ist, hängt auch von der ausgeübten Tätigkeit des Arbeitnehmers ab. Bei einem Stapler-, LKW- oder Kranfahrer oder Arbeitnehmer an gefahrträchtigen Anlagen gelten engere Grenzen.)

Arbeitnehmer, die infolge Alkoholgenusses oder anderer berauschender Mittel nicht mehr in der Lage sind, ihre Arbeit ohne Gefahr für sich oder andere auszuführen, dürfen mit Arbeiten nicht beschäftigt werden („absolutes Beschäftigungsverbot“).

Feststellung der Alkoholisierung

Der Alkoholisierungsgrad darf aufgrund der Arbeits- und Lebenserfahrung aus der Art und Weise, wie der Mitarbeiter seinen Arbeitspflichten nachkommt und aus seinem Verhalten während der Arbeit abgeleitet werden.

Anzeichen können sein:

- Alkoholfahne
- lallende Sprache
- schwankender Gang
- verquollenes Gesicht
- gerötete Augen
- aggressives Verhalten

Aus Gründen der besseren Beweisführung empfiehlt es sich, die Werkärztin oder den Sicherheitsingenieur (BN) und möglichst ein Mitglied des Betriebsrats hinzuzuziehen, die den Eindruck des Vorgesetzten bestätigen können.

Eine Feststellung des Grads der Alkoholisierung über Blutprobe (bei der Werkärztin oder beim Hausarzt) und Atemmessgerät kommt ausschließlich mit Einverständnis des Betroffenen in Betracht.

Jedoch: Das Angebot des Vorgesetzten an den MA ist zulässig. Die Ablehnung des Mitarbeiters dieser Entlastungsmöglichkeit kann als ein Indiz für Alkoholisierung gewertet werden.

Sicherungsmaßnahmen

Aus der Fürsorgepflicht des Vorgesetzten leitet sich die Pflicht ab, einen möglichen Schaden zu vermeiden.

Dies kann gegenüber dem Betroffenen bedeuten:

- Hinderung an Heimfahrt mit PKW u.a. (ggf. mit Polizeigewalt)
- Ausnüchterung auf Sanitätsstation
- Geleit zur Wohnung (bei öffentlichen Verkehrsmitteln stets mit zuverlässiger Begleitperson)
- ggf. Transport ins Krankenhaus (Krankenwagen)

Folgen der Sicherungsmaßnahme

Der Betroffene:

- trägt Kosten für Heimtransport
- verliert zeitanteilig Anspruch auf Vergütung
- verliert bei einem Unfall den Anspruch auf Entgeltfortzahlung auch bei Alkoholabhängigkeit

Übrigens: Kein Anspruch auf Entgeltfortzahlung ist gegeben bei der bewussten Teilnahme an Trunkenheitsfahrt eines anderen.

Haftung

1. Haftung des Mitarbeiters (MA)
   - Eigener Schaden
   - Haftung des Mitarbeiters gegenüber Kollegen
   - Haftung des Mitarbeiters gegenüber Arbeitgeber
2. Haftung des Arbeitgebers (AG)
   - Gegenüber alkoholisiertem Mitarbeiter
   - Gegenüber Mitarbeitern
   - Gegenüber Dritten

Strafrecht

1. Mitarbeiter
   - fahrlässige Körperverletzung (§ 229 StGB)
   - fahrlässige Tötung (§ 222 StGB)
   - Trunkenheit im Verkehr (§ 316 StGB)

2. Arbeitgeber/Vorgesetzter
   - fahrlässige Körperverletzung (§ 229 StGB)
   - fahrlässige Tötung (§ 222 StGB)
   - Aussetzung einer hilflosen Person (§ 221 StGB)

Sucht

Alkoholabhängigkeit

„... NN kommt nicht mehr mit eigener Willensanstrengung vom Alkoholgenuss los".

Ist im Regelfall wie jede andere Erkrankung als nicht verschuldet anzusehen (Anspruch auf Entgeltfortzahlung besteht).

Verschulden jedoch vorliegend

- bei Rückfall nach Entziehung trotz eindringlicher Belehrung
- Unfälle aufgrund vorangegangenen Alkoholmissbrauchs (auch bei Alkoholkranken)

Arbeitsrechtliche Notwendigkeit von Hilfsangeboten für Betroffene

Im Rahmen der Prüfung der Wirksamkeit der personenbedingten (= krankheitsbedingten) Kündigung verlangen die Gerichte ausreichende Hilfsangebote des Arbeitgebers.

Beispiel
Der Arbeitgeber strebt eine verhaltensbedingte Kündigung an, weil er nicht weiß, ob eine Krankheit vorliegt, deshalb wurden bereits einige disziplinarische Maßnahmen (z.B. Abmahnung) durchgeführt. Beruft sich der Betroffene vor Gericht auf das Vorliegen einer Alkoholkrankheit, werden von den Richtern auch noch zu diesem späten Zeitpunkt Hilfsmaßnahmen (Therapieangebote) gefordert. Mit diesem Angebot und ggf. der Umsetzung geht wertvolle Zeit verloren.

Auch deshalb werden in der Richtlinie, parallel zu Gesprächen/Maßnahmen, Hilfen angeboten.

Vorgehensweise beim Ansprechen vermuteter Suchtproblematik

Der Arbeitgeber ist aus seiner Fürsorgepflicht heraus verpflichtet, für die Arbeitssicherheit zu sorgen und Schaden vom Arbeitnehmer abzuwenden.

Ausgangspunkt von Interventionsmaßnahmen sind arbeitsvertragliche Pflichtverletzungen, die möglicherweise im Zusammenhang mit dem Konsum und Missbrauch von Alkohol und Medikamenten stehen.

Der Arbeitnehmer bekommt die Auflage, die Pflichtverletzungen abzustellen und die Empfehlung, mit Hilfe interner und externer Stellen ein mögliches Suchtproblem zu lösen. Wenn weitere Pflichtverletzungen folgen, werden arbeitsrechtliche Schritte eingeleitet und die Hilfsangebote wiederholt.

Sie als Vorgesetzter nehmen Ihre Fürsorgepflicht wahr, indem beobachtbare Pflichtverletzungen im Arbeits- und Sozialverhalten des MA dokumentiert werden und konfrontieren diesen mit den gesammelten Erkenntnissen in einem Gespräch: Nicht der Mensch als solcher soll abqualifiziert werden, sondern der MA mit Verhaltensbeobachtungen konfrontiert werden. Dieses Gespräch wird von dem leichter akzeptiert, wenn der Vorgesetzte seinem Gegenüber signalisiert, dass er Mensch und Mitarbeiter schätzt, jedoch bestimmte Verhaltensweisen nicht toleriert.

1. Schriftlich vorbereiten:
    - konkrete Auffälligkeiten des Betroffenen bzgl. Arbeitsleistung, Arbeitsverhalten und Anwesenheit jeweils mit Ort, Datum und Uhrzeit sollten klar formuliert werden (Fehlzeiten, unentschuldigtes Fernbleiben, Störung des Betriebsfriedens, nachlassende Leistungen)
    - Dokumente (Stempelkarten, Leistungsaufzeichnungen) sollten vorbereitet werden
    - schon vorher sollten die Auflagen und der Folgetermin schriftlich festgelegt werden
    - eine Liste mit Beratungsstellen sollte zur Verfügung stehen
2. Nur betriebliche Aspekte einbringen:
    - Der Vorgesetzte hat nur das Leistungsprofil und das Arbeitsverhalten des betroffenen Mitarbeiters zu beurteilen
3. Tatsachen und keine Gerüchte thematisieren:
    - Der Betroffene wird mit Tatsachen aufgrund von Aufzeichnungen und den schon angeordneten Konsequenzen konfrontiert

4. Klare Vereinbarungen treffen:
   - Konsequenzen können sein: schriftliche Abmahnung, Aufsuchen einer Suchtberatungsstelle
   - Dem MA muss unmissverständlich klargemacht werden, dass in einem zu vereinbarenden Folgetermin die gemachten Vereinbarungen (z.B. absolute Nüchternheit) überprüft und dass gegebenenfalls die geplanten Sanktionen erfolgen werden

5. Ein Folgegespräch terminieren:
   - Der Vorgesetzte verdeutlicht, dass der Termin auf jeden Fall wahrgenommen werden muss, auch wenn alle Auflagen erfüllt werden

Die Chance besteht darin, betroffenen MA einen „Spiegel" der alkoholbedingten Ausfälle vorzuhalten, sie klar und deutlich auf die Einhaltung betrieblicher „Spielregeln" hinzuweisen und ihnen die Konsequenzen ihres Tuns aufzuzeigen. Damit können und müssen betroffene MA eine eigenverantwortliche Entscheidung und Verhaltensänderung treffen. Dazu gehört auch die Freiheit, sich ggf. gegen die Inanspruchnahme von betrieblichen Hilfen und therapeutischen Angeboten, gegen einen Ausstieg aus der Erkrankung und für die Inkaufnahme von (betrieblichen) Konsequenzen zu entscheiden.

Grundsätzlich unterscheiden sich diese Mitarbeitergespräche im Zusammenhang mit alkoholbedingten Auffälligkeiten kaum von konstruktiven Gesprächen, die mit Mitarbeitern aufgrund anderer Probleme geführt werden. Therapeutisches Wissen über Abhängigkeitserkrankungen ist nicht Gegenstand der Gespräche.

- Sorgen Sie für eine ruhige und ungestörte Gesprächssituation.
- Legen Sie einen Zettel auf den Tisch, auf dem Sie sich Fakten notiert haben.
- Achten Sie darauf, dass es Ihnen gut geht. Wenn Sie sich selbst nicht wohl fühlen, können Sie kein gutes Gespräch führen.
- Beginnen Sie das Gespräch mit positiven Erfahrungen mit dem MA.

- Wählen Sie ein realistisches Ziel, das Sie erreichen können, z.B.:
  - Ich will den MA mit arbeitsvertraglichen Pflichtverletzungen konfrontieren
  - Ich will meine Gefühle dem MA deutlich ausdrücken
  - Ich will die Schwierigkeiten klar benennen
  - Ich will Hilfen anbieten
  - Ich will einen weiteren Termin vereinbaren
- Halten Sie sich an Ihre zuvor notierten Fakten.
- Lassen Sie sich die Gesprächsführung nicht aus der Hand nehmen.
- Lassen Sie sich nicht in Diskussionen verwickeln und stellen Sie keine Diagnosen über die möglichen persönlichen Ursachen der von Ihnen kritisierten Punkte.
- Lassen Sie sich nicht in eine Eskalation verwickeln wie z.B.:
  - „Sie haben Alkoholprobleme!"
  - „Nein, ich habe keine. Sie irren sich!"
  - „Ich irre mich nicht!"
  - „Doch!" „Nein!" „Doch!"

Sondern reagieren Sie darauf mit folgender Formulierung: „Ob Sie Alkoholprobleme haben oder nicht, können Sie am besten selbst beurteilen. Ich möchte mit Ihnen darüber sprechen, wie die folgenden Fehlverhaltensweisen abgestellt werden können."…"Falls Alkohol dabei eine Rolle spielen könnte, …Beratung bei NN, Arzt (Haus-, Betriebsarzt), Suchtberater möglich!"

- Formulieren Sie „Ich-Botschaften": „Mir ist aufgefallen, dass folgende Probleme aufgetreten sind…" „Ich komme durch ihr Verhalten mehr und mehr in Schwierigkeiten…" „Ich mache das nicht mehr mit!" Nicht: „Sie sind Alkoholiker!", sondern: „Ich glaube, dass Ihre Schwierigkeiten alkoholbedingt sind." Machen Sie sich immer wieder klar, dass Sie keine Kontrolle über den betroffenen Mitarbeiter besitzen. Akzeptieren Sie Ihre Hilflosigkeit in Bezug auf das Problem!

- Beenden Sie das Gespräch mit einer Zusammenfassung der wichtigsten Punkte und einer festen Vereinbarung über Maßnahmen und Konsequenzen.
- Benennen Sie den nächsten Gesprächstermin (in ca. 3 Wochen).

Dienstvereinbarung

Dienstvereinbarung über Suchtgefahren am Arbeitsplatz sowie über den Umgang mit gefährdeten Mitarbeiterinnen und Mitarbeitern

Zwischen der Stadt NN, vertreten durch den Oberbürgermeister,

und

dem Gesamtpersonalrat der Stadt NN, vertreten durch den Personalratsvorsitzenden

wird gemäß Art. 73 in Verbindung mit Art. 75 Abs. 4 Nr. 8 BayPVG folgende Dienstvereinbarung abgeschlossen:

Vorbemerkung

Zwischen den Beteiligten besteht Einigkeit darüber, dass die Vermeidung durch berauschende Mittel verursachter Unfall- und Gesundheitsgefahren am Arbeitsplatz sowie die Bekämpfung von Suchtkrankheiten ein wichtiges Anliegen ist.

Da am Arbeitsplatz Reaktions- und Konzentrationsfähigkeit verlangt werden und zudem nicht selten die eigene Sicherheit sowie die Sicherheit von anderen vom eigenen Handeln oder Unterlassen abhängig ist, soll das Problem Suchtmittel am Arbeitsplatz grundsätzlich mit mindestens den gleichen Maßstäben wie im Straßenverkehr gemessen werden.

Sofern nachfolgend der Begriff Alkohol verwendet wird, sind damit auch sonstige Suchtmittel (z.B. Medikamente oder Drogen) eingeschlossen.

Geltungsbereich und Ziele der Dienstvereinbarung

a) Diese Dienstvereinbarung gilt für alle Mitarbeiterinnen und Mitarbeiter der Stadt NN.
⇒ Soweit im Nachfolgenden die weibliche oder männliche Form gewählt ist, gilt diese gleichermaßen für das andere Geschlecht.

b) Ziele dieser Dienstvereinbarung sind:
   - die Beschäftigten über die Gefahren von Alkohol- oder Suchtmittelmissbrauch aufzuklären,
   - das Gesundheitsverhalten der Beschäftigten zu fördern,
   - die Arbeitssicherheit und den vorbeugenden Unfallschutz zu fördern,
   - den Missbrauch von süchtig machenden Mitteln, insbesondere während der Arbeitszeit, zu verhindern,
   - gefährdeten Beschäftigten Hilfsangebote zu unterbreiten,
   - die Gesundheit und Leistungsfähigkeit der Beschäftigten zu erhalten oder wiederherzustellen,
   - die Wiederherstellung der Gesundheit des Betroffenen,
   - die Feststellung, ob und welche Therapie notwendig ist und die schnelle Einleitung dieser Maßnahmen,
   - die Erhaltung des Arbeitsplatzes für den Betroffenen, sofern dieser bei den nötigen Maßnahmen erfolgreich mitarbeitet,
   - die endgültige Trennung von suchtkranken Mitarbeitern, die die Mitarbeit bei der Therapie und Rehabilitation nicht oder nur halbherzig vollziehen, soll erst als letzte Konsequenz ergriffen werden.

c) In Verkaufseinrichtungen, Kantinen und Automaten sollen auch alkoholfreie Getränke angeboten werden, die billiger sind als Alkoholika. Spirituosen werden nicht angeboten.

d) Durch diese Dienstanweisung soll die Gleichbehandlung aller Beschäftigten gesichert werden.

Alkohol während der Arbeitszeit

a) Die Allgemeine Geschäftsanweisung der Stadt NN weist darauf hin, dass Trunkenheit während der Dienstzeit eine schwere Verletzung der Dienst- bzw. Arbeitspflichten ist, die disziplinar- bzw. arbeitsrechtliche Maßnahmen zur Folge hat.
⇒ Weiter legt die Allgemeine Geschäftsanweisung verbindlich fest, dass die Mitarbeiter jeglichen die Einsatzfähigkeit und Arbeitsleistung beeinträchtigenden Alkoholgenuss vor und während der Dienstzeit zu unterlassen haben.
⇒ Daneben bestimmen die einschlägigen Unfallverhütungsvorschriften (z.B. DGUV Vorschrift 1 § 15 Abs. 2):

„Versicherte dürfen sich durch Alkoholgenuss nicht in einen Zustand versetzen, durch den sie sich selbst oder andere gefährden können. Versicherte, die infolge Alkoholgenusses oder anderer berauschender Mittel nicht mehr in der Lage sind, ihre Arbeit ohne Gefahr für sich oder andere auszuführen, dürfen nicht beschäftigt werden."

b) Weitergehend als nach der Allgemeinen Geschäftsanweisung besteht absolutes Alkoholverbot für Beschäftigte
   - mit Fahr- und Steuertätigkeiten (Fahrtätigkeit ist das Führen von Fahrzeugen jeglicher Art, und zwar u.a. Kraftfahrzeuge im Sinne der Straßenverkehrszulassungsordnung oder jeglicher Arbeitsfahrzeuge wie Gabelstapler und dergleichen. Steuertätigkeit ist das Führen und die Handhabung von gefährlichen Maschinen und Geräten, z.B. Motorsägen),

- mit gefährlichen Arbeiten nach § 36 der Unfallverhütungsvorschrift „Allgemeine Vorschriften" (GUV 0.1),
- im Umgang mit Gefahrstoffen (Gefahrstoffe im Sinne dieser Dienstvereinbarung sind gefährliche Arbeitsstoffe wie Waschbenzin, Verdünner, konzentrierte Reinigungsmittel u.a.),
- denen Minderjährige anvertraut sind,
- denen Kranke und Pflegebedürftige anvertraut sind.

⇒ Vorstehende Tätigkeiten dürfen nur in absolut nüchternem Zustand angetreten werden. Deshalb ist bereits entsprechend rechtzeitig vor Arbeitsbeginn die Einnahme von Alkohol untersagt.

c) Ist ein Beschäftigter infolge Alkoholkonsums so berauscht, dass die Ausübung der Tätigkeit ohne Gefahr für sich selbst oder andere Personen nicht mehr möglich ist, so muss er von der Arbeitsstelle entfernt werden. Erforderlichenfalls ist eine Begleitung sicherzustellen. Anfallende Kosten sind vom Beschäftigten zu tragen.

⇒ Die Beurteilung, ob ein Beschäftigter berauscht ist und nach den gegebenen Umständen (z.B. Absturzgefahr, bewegte Maschinenteile, gefährliche Arbeiten) von der Arbeitsstelle entfernt werden muss, erfolgt durch den verantwortlichen Vorgesetzten. Soweit möglich, sind der Personalrat und ein weiterer Zeuge hinzuzuziehen.

⇒ Von der Beteiligung des Personalrats und eines weiteren Zeugen kann abgesehen werden, wenn die betreffende Person sofort mit ihrer Entfernung von der Arbeitsstelle einverstanden ist.

⇒ In diesem Fall genügt nach Arbeitswiederaufnahme beim ersten Mal eine einfache Belehrung und Ermahnung durch den Vorgesetzten mit Hinweis auf weitere Folgen, wie in dieser Dienstvereinbarung beschrieben.

d) Bestehen Zweifel, ob ein Beschäftigter berauscht ist oder wird dies von ihm in Abrede gestellt, so kann der Beschäftigte – allerdings nicht gegen seinen Willen – sofort beim Arbeitsmedizinischen Dienst der Stadt NN (ersatzweise beim Gesundheitsamt) vorgestellt werden, bei welchem ein Alko-Test (Alkomat) durchzuführen ist. Der Beschäftigte ist dazu mit einer Begleitperson zu der jeweiligen Stelle zu bringen.

e) Verweigert der Beschäftigte die Vorstellung mit Alko-Test beim Arbeitsmedizinischen Dienst, obwohl begründete Anzeichen auf Trunkenheit oder andere Berauschung gegeben sind, so ist er aus Sicherheitsgründen umgehend von der Arbeitsstelle (Betrieb), unter Hinzuziehung der Personalvertretung oder hilfsweise anderer Zeugen, zu entfernen. In diesem Fall tritt eine Beweislastumkehr ein. Der Beschäftigte ist bei Wiederaufnahme der Arbeit durch den Vorgesetzten im Beisein der Personalvertretung zu ermahnen. Diese Ermahnung ist vom Vorgesetzten schriftlich festzuhalten.

f) In Fällen, in denen der verantwortliche Vorgesetzte oder die Personalvertretung eine unmittelbare Gefährdung der berauschten Person befürchtet, ist diese umgehend zu einem Arzt oder ggf. durch den Rettungsdienst in ein Krankenhaus bringen zu lassen. Verweigert der Betroffene dies, hat der Vorgesetzte entsprechende Maßnahmen zu ergreifen (Hausrecht, Verständigung von Angehörigen).

g) Muss ein Beschäftigter nach obigen Regelungen wegen übermäßigen Alkoholkonsums von der Arbeitsstelle entfernt werden, so ist entsprechend der Ausfallzeit eine Lohn- oder Gehaltskürzung vorzunehmen. Das Personalamt ist durch das Amt bzw. den Betrieb hiervon schriftlich zu verständigen.

Verfahrensschritte bei gefährdeten Personen – Alkoholabhängigkeit

a) Formloses Erstgespräch
Besteht beim unmittelbaren Vorgesetzten der Eindruck, dass ein Mitarbeiter gefährdet oder bereits abhängig sein könnte, so führt er mit dem Betroffenen zunächst ein vertrauliches Gespräch. Das Erstgespräch hat keine personalrechtlichen Konsequenzen. Es sollen durch den Vorgesetzten Wege zur Hilfe aufgezeigt werden. Gleichzeitig ist darauf hinzuweisen, dass bei fortdauerndem Alkoholmissbrauch weitere Schritte eingeleitet werden. Über dieses Gespräch wird vom Vorgesetzten Stillschweigen bewahrt. Über die Tatsache des Gesprächs ist eine formlose Notiz mit Datum zu erstellen und unter Beachtung der Datenschutzbestimmung zu verwahren. Falls in den folgenden drei Monaten keine erneute Auffälligkeit festzustellen ist, ist die Aktennotiz zu vernichten.
Es ist in bestimmten Fällen empfehlenswert, zu diesem Erstgespräch eine dritte Person (eventuell Vertrauensperson) hinzuzuziehen. Auch von dieser Person ist über das Gespräch Stillschweigen zu bewahren.

b) Förmliches Zweitgespräch mit Beratungsangebot
Ist im Verhalten der betroffenen Person in einem angemessenen Zeitraum keine positive Änderung festzustellen, so ist mit dem Betroffenen spätestens nach sechs Wochen vom Vorgesetzten gemeinsam mit dem Personalrat, dem Personalamt und dem Arbeitsmedizinischen und Sicherheitstechnischen Dienst ein weiteres Gespräch zu führen.
Im Bedarfsfall ist das Gesundheitsamt hinzuzuziehen. Der Besuch von Suchtberatungsstellen und Selbsthilfegruppen wird dabei dringend nahegelegt.

Der Betroffene erhält danach eine schriftliche Ermahnung durch das Personalamt. Die weiteren personalrechtlichen Konsequenzen sind eindringlich darzulegen.

c) Ist im Verhalten der betroffenen Person noch immer keine positive Veränderung festzustellen, so ist spätestens nach weiteren sechs Wochen nach Mitteilung des Vorgesetzten vom Personalamt ein weiteres Gespräch anzuberaumen.
Neben dem vorgenannten Teilnehmerkreis sollen dazu, je nach Zweckmäßigkeit, Kollegen, Familienangehörige, ggf. Schwerbehindertenvertretung und/oder Jugendvertretung hinzugezogen werden.
Die betroffene Person wird hierbei aufgefordert, ein konkretes Hilfsangebot anzunehmen und erhält dazu eine Bedenkzeit von vier Wochen, innerhalb welcher der Besuch einer Suchtberatungsstelle nachzuweisen ist.
Bei diesem Gespräch wird durch die Personalverwaltung außerdem bekannt gegeben, dass bei Ablehnung des Hilfsangebots oder anderer therapeutischer Maßnahmen zur Bekämpfung der Krankheit sofort nach der genannten Bedenkzeit mindestens einer der folgenden dienst- oder arbeitsrechtlichen Schritte eingeleitet wird:
    - Entzug von dienstlichen Funktionen oder Leistungszulagen;
    - Aussetzung des möglichen Bewährungsaufstiegs;
    - Einleitung eines Disziplinarverfahrens bzw. Rückstufung in der Vergütungs-/Lohngruppe.

    Hierzu ergeht zusätzlich eine schriftliche Abmahnung durch das Personalamt.

d) Viertes Gespräch: Kündigungsandrohung
Ist die betroffene Person nach diesen Maßnahmen noch nicht einsichtig und erfolgt keine positive Änderung in ihrem Verhalten, ist mit ihr nach ca. sechs Wochen ein letztes Gespräch zu führen, welches durch die Personalverwaltung zu veranlassen ist.

Dabei sollen die unter Abschnitt IV c) aufgeführten Personen/ Stellen beteiligt sein.
Bei Arbeitern und Angestellten wird dabei die Kündigung angedroht, bei Beamten die Weiterführung des Disziplinarverfahrens, in Ausnahmefällen das Verfahren zur Feststellung der Dienstunfähigkeit.
Der Betroffene erhält eine letzte schriftliche Abmahnung durch die Personalverwaltung.

e) Lehnt die betroffene Person weiterhin die Hilfsangebote ab bzw. ändert sie ihr Verhalten nicht, so werden nach weiteren sechs Wochen die unter Abschnitt IV d) angedrohten Maßnahmen durch die Personalverwaltung vollzogen.

f) Bei eventueller Rückfälligkeit nach einer Therapie orientiert sich das Vorgehen nach den Abschnitten IV a) bis e).

Aufzeichnungen – Wiedereingliederung

a) Alle schriftlichen Unterlagen im Zusammenhang mit der Alkoholerkrankung sind bei Beendigung des Verfahrens der Personalverwaltung zur Aufbewahrung im Personalakt bzw. zur Vernichtung nach Ablauf der Aufbewahrungsfristen zuzuleiten.
b) Betroffene Beschäftigte, die auf Grund einer ambulanten Behandlung, Kurzzeit- oder Langzeittherapie oder durch den dauernden Besuch bei Selbsthilfegruppen mindestens ein Jahr nachweislich abstinent gewesen sind, haben Anspruch darauf, dass Hinweise auf die vorherige Abhängigkeit aus der Personalakte entfernt werden.
c) War die alkoholkranke Person durch eine stationäre Behandlung über eine längere Zeit aus dem Betriebsprozess ausgeschieden und ist danach durch erfolgreiche Behandlung eine Wiedereingliederung möglich, erfolgt dies in Zusammenarbeit von Perso-

nalverwaltung, Personalrat, Arbeitsmedizin und den jeweiligen Vorgesetzten.

d) Bewirbt sich ein wegen Alkoholmissbrauchs entlassener Beschäftigter, welcher nach erfolgreicher Therapiemaßnahme oder Heilbehandlung nachweislich abstinent geworden ist, um Wiedereinstellung, so ist bei gleicher Qualifikation gegenüber den Mitbewerbern seine Bewerbung bevorzugt zu berücksichtigen.

Datenschutz

Alle nach dieser Dienstvereinbarung beteiligten Personen sind zur Verschwiegenheit und zur Einhaltung des Datenschutzes verpflichtet.

Verantwortung der Führungskräfte

Den Führungskräften kommt im Vollzug dieser Dienstvereinbarung besondere Verantwortung zu. Suchtgefährdeten und Suchtkranken ist nicht dadurch gedient, dass ein Verhalten, das sich negativ auf die Arbeitsleistung auswirkt, über längere Zeit toleriert wird.

Vorgesetzte dürfen daher Minderleistungen, die durch Suchtgefährdung/-abhängigkeit bedingt sind, nicht dulden, sondern haben ggf. Schritte nach dieser Dienstvereinbarung einzuleiten.

Schlussbemerkung

a) Alle Beschäftigten sind in geeigneter Weise über die Probleme des Suchtmittelmissbrauchs und deren Folgen sowie über diese Dienstvereinbarung zu informieren.
b) Den im Sinne der Dienstvereinbarung handelnden Personen dürfen keine Kosten entstehen.
c) Es ist ein Arbeitskreis „Abhängigkeitserkrankung am Arbeitsplatz" einzurichten. Diesem Arbeitskreis gehören Vertreter des Personalamts, des Gesamtpersonalrats, des arbeitsmedizinischen Diensts und des Gesundheitsamts an. Die Geschäftsführung des Arbeitskreises liegt beim Gesundheitsamt. Bei Bedarf sind weitere Personen hinzuzuziehen.
d) Die sozialdienstlichen Aufgaben dieser Dienstvereinbarung werden ohne Stellenmehrung vom Gesundheitsamt übernommen.
e) Diese Dienstvereinbarung tritt am Tag nach ihrer Unterzeichnung in Kraft. Sie kann von jeder Vertragspartei mit einer Frist von drei Monaten zum Ende eines Kalenderjahres gekündigt werden.

Adressen

Wo kann man weitere Informationen bekommen?

Zunächst einmal kann man sich an die zuständigen örtlichen Beratungsstellen und Selbsthilfeorganisationen oder den Hausarzt wenden. Adressen regionaler Beratungsstellen erhält man über das bundesweite

Informationstelefon zur Suchtvorbeugung der BZgA
Tel.: (0221) 892031
täglich 10.00–22.00 Uhr
Freitag bis Sonntag 10.00–18.00 Uhr

Fachverband Sucht e.V.
53175 Bonn
Walramstraße 3
http://www.sucht.de
Tel.: (0228) 261555
Fax: (0228) 215885

Darüber hinaus können Sie sich an folgende Verbände und Organisationen wenden:

Blaues Kreuz in der Evangelischen Kirche – Bundesverband e.V.
44149 Dortmund
Julius-Vogel-Straße 44
Tel.: (0231) 5864132
E-Mail: info@bke-suchtselbsthilfe.de
Internet: http://www.bke-suchtselbsthilfe.de

Blaues Kreuz in Deutschland e.V.
42289 Wuppertal
Schubertstraße 41
Tel.: (0202) 620030
Fax: (0202) 6200381
Internet: http://www.blaues-kreuz.de

Bundeszentrale für gesundheitliche Aufklärung (BZgA)
50825 Köln
Maarweg 149–161
Tel.: (0221) 89920
E-Mail: poststelle@bzga.de
Internet: http://www.bzga.de

Deutsche Hauptstelle für Suchtfragen e.V. (DHS)
59065 Hamm
Westenwall 4
Tel.: (02381) 90150
E-Mail: info@dhs.de
Internet: http://www.dhs.de

Deutscher Guttempler-Orden (I.O.G. T.) e.V.
20099 Hamburg
Böckmannstraße 4
Tel.: (040) 30921710
E-Mail: geschaeftsstelle@guttempler-hamburg.de
Internet: http://www.guttempler.de

Fachverband Glücksspielsucht e.V.
33615 Bielefeld
Meindersstraße 1
Tel.: (0521) 55772124
E-Mail: verwaltung@gluecksspielsucht.de
Internet: http://www.gluecksspielsucht.de

Kreuzbund e.V. Selbsthilfe- und Helfergemeinschaft für Suchtkranke und deren Angehörige
59065 Hamm
Münsterstraße 25
Tel.: (02381) 672720
Fax: (02381) 6727233
E-Mail: info@kreuzbund.de
Internet: http://www.kreuzbund.de

Verband ambulanter Behandlungsstellen für Suchtkranke/ Drogenabhängige e.V. (VABS)
79104 Freiburg
Karlstraße 40
Tel.: (0761) 200363
Fax: (0761) 200350
E-Mail: casu@caritas.de

Auch Angehörige sollten sich einer Gruppe anschließen. Auskünfte darüber erteilt jede Beratungsstelle. Informationen über AL-ANON-Gruppen können schriftlich angefordert werden bei:

AL-ANON Familiengruppen – Selbsthilfegruppen für Angehörige von Alkoholikern
22085 Hamburg
Hofweg 58
Tel.: (040) 226389700
Fax: (040) 226389701
E-Mail: zdb@al-anon.de
Internet: https://al-anon.de

Weiterführende Literatur

Alkoholkonsum und Prävention (2021). Bundesgesundheitsblatt – Gesundheitsforschung/Gesundheitsschutz. Band 64 Heft 6 Juni 2021 Bundesgesundheitsblatt – Gesundheitsforschung – Gesundheitsschutz 6/2021 | springermedizin.de

Babor TF et. al. (2023). Alkohol: Kein gewöhnliches Konsumgut – Eine Zusammenfassung der dritten Auflage; Sucht 69 (4), 147–162

Babor TF et. al. (2003). Alcohol: No Ordinary Commodity – Research an public policy. Oxford University Press, ISBN 019 263261 2 (Pbk)

DHS – Deutsche Hauptstelle gegen die Suchtgefahren (Hrsg.) (1989). Suchtprobleme am Arbeitsplatz, Erfahrungen, Konzepte, Hilfen; Band 31 der Schriftenreihe zum Problem der Suchtgefahren, Hoheneck Verlag, Hamm

DHS – Deutsche Hauptstelle für Suchtfragen e.V. (2023). DHS Jahrbuch Sucht 2023

DHS Suchtprobleme am Arbeitsplatz. Eine Praxishilfe für Personalverantwortliche. Deutsche Hauptstelle für Suchtfragen (Hrsg.); Suchtprobleme_am_Arbeitsplatz.pdf (dhs.de)

ESA (2018). Kurzbericht Epidemiologischer Suchtsurvey, http://www.esa-survey.de, Institut für Therapieforschung München (ift.de)

Fachverband Sucht e.V. (2004). Hilfe für Suchtkranke, Verzeichnis der Einrichtungen; Neuland Verlagsgesellschaft, Geesthacht, 11. Auflage Einrichtung suchen – Fachverband Sucht e.V.

Gigerenzer Gerd: Risiko – Wie man die richtigen Entscheidungen trifft. 4. Auflage 2013, C. Bertelsmann Verlag, München

Medizinischer Dienst des Spitzenverbandes Bund der Krankenkassen und GKV Spitzenverband (2020) Präventionsbericht 2020. Betriebliche Gesundheitsförderung (S. 58–80) Präventionsbericht 2020 (Berichtsjahr 2019) (gkv-spitzenverband.de)

S3-Leitlinie „Screening, Diagnose und Behandlung alkoholbezogener Störungen" (2021). Aktualisierung 2021 – Kurzfassung. Sucht Jahrgang 67 – Heft 2 2021 (S. 77–103) https://doi.org/10.1024/0939–5911/a000704

Tretter F (2000). Suchtmedizin. Der suchtkranke Patient in Klinik und Praxis; „Alkoholabhängigkeit" (S. 89–112) Schattauer Verlag, Stuttgart

Uchtenhagen A, Zieglgänsberger W (2000). Suchtmedizin, Konzepte, Strategien und Management; Verlag Urban & Fischer, München

Wienemann E, Wartmann A (2021). Alkoholprävention am Arbeitsplatz: Aktuelle Konzepte zur betrieblichen Suchtprävention und Suchthilfe. Bundesgesundheitsbl 2021 64:688–696 https://doi.org/10.1007/s00103–021–03337–6

Anhang

Tab. 6: Alkoholkonsum Reinalkohol pro Kopf in Deutschland (Alter ab 15 Jahre)	
Jahr	**Reinalkohol Liter**
1970	14,4[1]
1990	12,1[1]
2010	11,6[1]
2020	10,0[1]
2023	8,7[2]

[1] DHS nach John U et al. 2018 bis 2023
[2] OECD-Statistik

<table>
<tr><th colspan="3">Tab. 7: Alkoholgehalt und Konsum alkoholischer Getränke</th></tr>
<tr><th>Getränk</th><th>Alkoholgehalt Vol. % (ca.-Angaben)</th><th>Anteil am Gesamtkonsum (%) im Jahr 2022</th></tr>
<tr><td>Bier</td><td>2–8</td><td>76,4</td></tr>
<tr><td>Rotwein</td><td>11–15</td><td rowspan="2">Wein 16,6
Schaumwein 2,7</td></tr>
<tr><td>Weißwein, Sekt, Champagner</td><td>10–13</td></tr>
<tr><td>Wermut</td><td>14–22</td><td rowspan="4">4,3</td></tr>
<tr><td>Weinbrand, Whisky, Obstbrand</td><td>36–45</td></tr>
<tr><td>Likör</td><td>15–55</td></tr>
<tr><td>Rum</td><td>37–80</td></tr>
<tr><td colspan="3">Lange C et al. Journal of Health Monitoring 2016, Robert Koch-Institut, Berlin
Statista, Risikokonsum von Alkohol in Deutschland, Statista-Dossier, www.statista.com</td></tr>
</table>

Die Menge an reinem Alkohol, den man konsumiert, wird häufig unterschätzt:

Tab. 8: Beispiele für Standardgetränke

Getränk pro Normglas	Alkoholgehalt (g)	Vol %
Bier (0,25 Liter)	10	4,8
Wein (0,1 Liter)	9	11
Sekt (0,1 Liter)	9	11
Schnaps (0,04 Liter)	11	33
Schwellenwert zum riskanten Alkoholkonsum (g/Tag) Frauen Männer	 10–12 20–24	

Tab. 9: Akute Alkoholwirkungen: Trunkenheit bis Rausch

Alkoholwirkungen	BAK (‰)
Leichte Trunkenheit	0,5–1,5
Trunkenheit (einfacher Rausch)	1,5–2,5
Volltrunkenheit (Rausch)	ab ca. 2,5
BAK = Blutalkoholkonzentration	

Tab. 10: Symptome nach Art des Entzugs		
Entzugsart	**Beginn, Dauer, Anmerkungen**	**Symptome**
Leichter Entzug	• 6–36 h nach dem letzten alkoholischen Getränk • Dauer der Symptome: 1–2 d	Angstzustände Unruhe Schlafstörungen Schwanken vermehrtes Schwitzen schneller Herzschlag Kopfschmerzen Verlangen nach Alkohol Appetitlosigkeit Übelkeit Erbrechen Bluthochdruck
Alkoholhalluzinose	• 6–48 h nach dem letzten alkoholischen Getränk • kann mit oder ohne Symptome des leichten Entzugs auftreten • Dauer der Symptome: 1–2 d	optische Halluzinationen, Betroffene sehen bspw. Insekten oder andere Tiere Betroffene hören oder fühlen Dinge, die nicht da sind

Tab. 10: Symptome nach Art des Entzugs *(Forts.)*		
Entzugsart	**Beginn, Dauer, Anmerkungen**	**Symptome**
Epileptische Anfälle durch den Entzug	• 12–48 h nach dem letzten alkoholischen Getränk • können mit oder ohne die Symptome eines leichten Entzugs auftreten • treten in 10–30 % der Fälle von Alkoholentzug auf	Anfälle, die den gesamten Körper betreffen können einzeln oder in Zweier- und Dreier-Clustern auftreten
Delirium durch Alkoholentzug	48–96 h nach dem letzten alkoholischen Getränk • auch Alkoholdelir oder Delirium tremens genannt • medizinischer Notfall • tritt bei 1–4 % der Personen mit Alkoholentzug auf, die sich in einem Krankenhaus befinden	Störung der Aufmerksamkeit und der Wahrnehmung, tritt schnell und plötzlich ein, wechselhafter Krankheitsverlauf z.T. begleitet von: • Halluzinationen • Unruhe • Fieber • starkem Herzrasen • Bluthochdruck • starkem Schwitzen

Stichwortverzeichnis

A

B

C

D

E

F

G

H

I

J

K

L

M

O

P

R

S

T

U

V

W

Z